科学育儿
问and答

KEXUE YUER WEN and DA

主编：米弘瑛 | 副主编：顾美群 肖 艳 杨景晖

云南出版集团

YNKJ 云南科技出版社

·昆明·

图书在版编目（ＣＩＰ）数据

科学育儿问 and 答 / 米弘瑛主编. -- 昆明 ： 云南科技出版社，2020.5（2020.9 重印）

ISBN 978-7-5587-2486-2

Ⅰ. ①科… Ⅱ. ①米… Ⅲ. ①婴幼儿－哺育－问题解答 Ⅳ. ①TS976.31-44

中国版本图书馆 CIP 数据核字(2020)第 071293 号

科学育儿问 and 答

米弘瑛主编

责任编辑：唐坤红　　洪丽春

助理编辑：张　　朝

责任校对：张舒园

责任印制：蒋丽芬

书　　号：ISBN 978-7-5587-2486-2

印　　刷：云南金伦云印实业股份有限公司

开　　本：787mm×1092mm　1/16

印　　张：7

字　　数：162 千字

版　　次：2020 年 5 月第 1 版　2020 年 9 月第 2 次印刷

定　　价：38.60 元

出版发行：云南出版集团公司　云南科技出版社

地　　址：昆明市环城西路 609 号

网　　址：http://www.ynkjph.com/

电　　话：0871-64190889

编　委　会

前 言

    在宝宝住院或门诊随访时，新手爸妈常常被一些育儿问题所困扰，虽然市面上育儿书籍较多，但大多是罕见问题与常见问题混编，新手爸妈往往没时间全面阅读。如何让新手爸妈们在短时间内查到自己关心的问题？作者根据多年的临床与随访经验，挑选新手爸妈咨询频率较高的问题及存在的困惑进行编写，内容简单、易懂、易查，既可作为新手爸妈救急之需，也可作为育儿知识书籍的精简版使用。

    本书采用简单和通俗易懂的问答形式，介绍了包括新生儿与新生儿疾病、早产儿常见问题及小儿生长发育、儿童保健、青春期保健、儿科疾病常见的预防等，涉及呼吸系统、消化系统、泌尿系统、内分泌系统等相关疾病的诊治，并对小儿中毒、急救、新生儿的护理、儿童口腔护理等作简要介绍。全书内容简明扼要，为便于家长更好理解，用了大量配图，卡通图片为原创，照片为工作中所拍摄。因该书仅为临床实践中问题收集后编写，新手爸妈如遇到问题没有确定答案时，建议到护理门诊或医生门诊挂号咨询（微信搜索滇医通、电话拨打114均可挂号）。

    该书编辑过程参阅了大量临床资料，具有科学性、生动性、实用性，但由于编者水平有限，且涉及内容广泛，书中不足之处在所难免，欢迎新手爸妈提出您的宝贵建议或意见（邮箱：gumeiqun225@sina.com），以便于我们在今后的工作中进一步修改和完善。

    本书的编写能顺利完成，在此要感谢顾美群医师，她为本书的完成做了大量、细致的工作，同时也感谢昆华早产群里沙子和各位投稿宝妈、宝爸们的辛勤付出。在此，一并致谢！

目　录

新生儿

检查

新生儿

常见病

目　录

目 录

新生儿

其他

目　录

目　录

产　妇

母乳喂养

婴儿期（29天～12月龄）

婴　儿

发育特点

目 录

目　录

目 录

婴 儿
辅食添加

婴 儿
安全防护

目 录

婴儿期（29天～12月龄）

婴儿

其他

幼儿期（1～3岁）

幼儿

常见病

目 录

目　录

学龄期
儿童
常见病
营养护理
心理引导

新生儿时期
(0~28天）

高危儿

哪些新生儿属于高危儿？

（1）母亲有异常妊娠史的新生儿：母亲有糖尿病、妊娠期高血压、感染、先兆子痫、阴道出血；吸烟、酗酒史；母亲既往有习惯性流产、死胎、死产史及母亲为Rh阴性血型（配偶为Rh阳性血型）。

（2）异常分娩的新生儿：剖宫产、产钳或胎吸等难产；母亲分娩过程中使用镇静剂等。

（3）出生异常的新生儿：有窒息、脐带绕颈、各种先天性畸形儿、早产低出生体重儿、双胎或多胎、小于胎龄儿等。

*如有以上情况之一出生的孩子，需进行严密观察或进入新生儿病房监护。

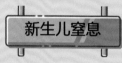

新生儿窒息的病因有哪些？

（1）孕母因素：孕母有严重并发症。

①伴有慢性或严重疾病：如心肺功能不全、严重贫血、高血压等。

②妊娠并发症：妊娠高血压、糖尿病、肾病等。

③孕母吸毒、吸烟或被动吸烟；孕母年龄≥35岁或<16岁等。

（2）胎盘因素：前置胎盘、胎盘早剥和胎盘老化等。

（3）脐带因素：脐带脱垂、绕颈、打结、过短或牵拉等。

（4）胎儿因素：早产儿、巨大儿等；先天性畸形（如食管闭锁、喉蹼、肺发育不全等）；呼吸道阻塞（如羊水、黏液或胎粪吸入等）。

（5）分娩因素：头盆不称、宫缩乏力、使用高位产钳、胎头吸引、臀位抽产术；产程中麻醉药、镇痛药或催产药使用不当等。

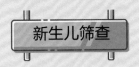

什么是新生儿筛查?

指通过血液检查对某些危害严重的先天性代谢疾病及内分泌疾病进行的群体初筛。由于这些疾病早期缺乏特殊症状,危害严重,但早期治疗成本较低、效果好。目前云南省筛查的四类疾病是:先天性甲状腺功能减低症、苯丙酮尿症、先天性肾上腺皮质增生症、G6PD缺乏症(蚕豆病)。

新生儿筛查必须做吗?

我国的新生儿疾病筛查是受法律约束,非强制性的,遵循知情选择原则。若宝宝生后未做新生儿疾病筛查,医院需履行告知义务,并详细告知新生儿筛查的意义及必要性,使每个产妇都具备新生儿筛查的理念,达到知情同意的真正目的。

新生儿筛查如何操作?

对所有活产新生儿,生后72小时后,哺乳6~8次,采集3个血滤纸斑,送往有检查资质的医疗单位进行检测。

听力筛查

为什么新生儿要做听力筛查?

听力筛查可以早期发现听力障碍,目前我国约有2780万听力障碍的人群,其中新生儿占1%~3%。听力障碍不仅可导致语言发育滞后,而且影响儿童心理、智力和社会交往能力的发展,给家庭、社会带来沉重负担。所以,为了降低出生缺陷,每个新生儿都要做听力筛查。

什么是新生儿听力筛查?

指通过耳声发射、自动听性脑干反应和声阻抗等电生理学检测,在宝宝出生后自然睡眠或安静状态下进行的客观、快速和无创的检查方法。

新生儿何时进行听力筛查?

新生儿听力筛查分初筛与复筛两部分。

(1)初筛:指宝宝生后3~5天进行的听力筛查,多在住院期间完成,在这个时间筛查可减少假阳性。因为刚生后第一二天的新生儿,外耳道油性分泌物及中耳腔的羊水较多,易导致假阳性。

(2)复筛:①出生42天内的宝宝初筛没"通过"或"可疑"。②虽初筛已经"通过",但属于听力障碍高危儿需要进行听力复筛。

> 注意:对复筛仍未通过的宝宝,需在3个月内进行全面的听力学诊断,包括声导抗、耳声发射、听性脑干诱发电位及其他相关检查,予确诊。6个月内进行干预。

新生儿听力障碍的高危因素有哪些?

①在住院≥48小时;②早产或出生体重≤1500克;

③有高胆红血素症;④出生时有重度窒息史者;

⑤机械通气5天以上;⑥母亲孕期曾经使用过耳毒性药物

⑦有感音神经性和(或)传导性听力损失相关综合征的症状或体征者;

⑧有儿童期永久性感音神经性听力损失的家族史者;

⑨颜面部畸形,包括小耳症,外耳道畸形,腭裂等;

⑩孕母有宫内感染,如巨细胞病毒、疱疹、毒浆体原虫病等。

眼底筛查

新生儿为什么要进行眼底筛查？

很多新生儿尤其是早产儿出生时，视网膜尚未发育好，视网膜血管还没发育成熟，容易发生视网膜病，而视网膜病是儿童致盲的主要原因，因此新生儿尤其是早产儿出生后需要进行眼底筛查。

哪些新生儿需进行眼底筛查？

（1）早产、低体重儿：胎龄越小，视网膜病发生率越高。特别是多胎妊娠儿、贫血、试管婴儿更应该进行规范的眼底筛查。

（2）新生儿窒息、呼吸窘迫综合征的高危儿：行眼底检查排除缺血缺氧性视神经视网膜病变。

（3）先天性梅毒及CMV感染者：排除视神经视网膜病变。

（4）生后2个月仍不能追光者：排除先天性白内障、青光眼等疾病。

何时进行眼底筛查？

首次检查在宝宝生后4～6周，或矫正胎龄34～36周。眼底检查可能需要多次，新手爸妈一定要遵照医嘱，带宝宝进行规律的眼底检查，直到宝宝眼底视网膜发育成熟为止，以免延误治疗造成严重后果。

新生儿甲减

新生儿甲状腺功能减退需要治疗吗？

甲状腺功能减退（简称甲减）会导致侏儒症，影响智力，需尽早治疗。如宝宝诊断甲状腺功能减退，须在医生指导下规范服药治疗，家长千万不能自行停药或更改剂量，否则会影响孩子的智力与生长发育。记住：疾病本身造成的危害远远大于药物的副作用。

脐炎

新生儿脐炎的病因有哪些？

（1）新生儿脐炎：是脐残端或脐血管被细菌入侵、繁殖引起的急性炎症，最常见的是金黄色葡萄球菌、大肠埃希菌、铜绿假单胞菌、溶血性链球菌等。

预防脐炎：尿不湿应向下翻折，避免尿不湿捂着或尿液浸湿脐部。

（2）脐带创口未愈合时受爽身粉等异物刺激可引起脐部肉芽肿。

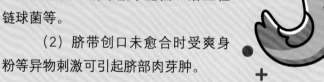

脐疝

新生儿脐疝有哪些特点？

脐环关闭不全或薄弱，腹腔脏器由脐环处向外突出到皮下形成的。疝囊大小不等，直径多为1cm左右，偶有超过3~4cm者。多见于低出生体重儿（<1500g者75%有脐疝）。脐疝特点：通常宝宝哭闹时脐疝外凸明显，安静时用手指压迫脐可回纳，不易发生嵌顿。出生后1年内腹肌逐渐发达，多数疝环逐渐狭窄缩小，自然闭合，预后良好。疝囊较大，4岁以上仍未愈合者可行手术修补。

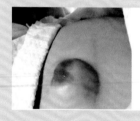

脐疝（肚脐凸出）

脐肉芽肿

新生儿脐肉芽肿如何处理？

脐肉芽肿是指断脐后脐孔创面受异物刺激（如爽身粉、血痂）或感染，在局部形成小的肉芽组织增生。脐肉芽组织表面湿润，有少许黏液或黏液脓性渗出物，可用乙醇1日数次清洁肉芽组织表面，预后良好。顽固肉芽组织增生者，尽快就医。

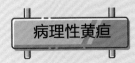
病理性黄疸

引起新生儿病理性黄疸的原因有哪些？

（1）感染因素：以病毒感染和细菌感染多见。病毒感染多为宫内感染，以巨细胞病毒、乙型肝炎病毒最常见，多因病毒通过胎盘传给胎儿或通过产道时感染，其他如风疹病毒、EB病毒、弓形体等较为少见。细菌感染以败血症多见，因细菌毒素使红细胞破坏增多、胆红素产生过多所致。

（2）非感染因素：新生儿溶血、胎粪延迟排出、红细胞6-磷酸葡萄糖脱氢酶（G-6 PD）缺陷及药物性黄疸、低血糖、酸中毒、缺氧等。其中新生儿ABO血型不合溶血病是溶血性黄疸最常见的原因，系母亲与胎儿的血型不合引起的，以母亲血型为O、胎儿血型为A、B或AB型最多见，黄疸可轻可重。

（3）阻塞性黄疸：多由先天性胆道畸形引起，以先天性胆道闭锁较为常见。其黄疸特点是黄疸出现晚（生后2~4周出现），逐渐加深，同时伴大便颜色逐渐变浅，甚至呈白陶土色。

（4）母乳性黄疸：常见于母乳喂养的新生儿，生长发育好，吃奶好，其黄疸程度超过生理性黄疸，停母乳3~5天，黄疸可下降50%，排除其他因素，可以诊断。其病因还不十分明了，诊断后可继续母乳喂养，一般可消退；如宝宝黄疸程度高，需干预治疗。

母乳性黄疸如何处理？

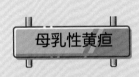
母乳性黄疸

母乳性黄疸是新生宝宝常见的问题，如果宝宝生长发育良好，没有其他疾病，可以继续母乳喂养，但需要注意观察宝宝的黄疸是否加重，加重了需及时就诊。不建议对母乳性黄疸宝宝停母乳，因为母乳是宝宝的天然食物，对宝宝生长发育有不可替代的作用。

新生儿痤疮

新生儿会长痤疮吗?

会的。虽然痤疮是青少年常见的皮肤病,俗称"青春痘",但新生儿也会发生。新生儿面部皮肤娇嫩,如果皮疹护理不到位,易引起感染化脓、破溃,形成疤痕,影响宝宝的容貌。因此,家长需高度重视宝宝脸上的青春痘。

为什么新生儿会长痤疮?

这与宝宝从母体获得较多的雄激素有关。雄激素会使皮脂腺分泌旺盛,而新生儿面部皮脂腺较发达,过多分泌的皮脂会淤积在毛囊内,使皮肤形成粉刺样毛囊性丘疹,即"青春痘"。

"青春痘"一般在出生数周后自行消退,多不留痕迹。

> 注意:如宝宝痤疮严重,需排除是否有性早熟或异常男性化等疾病。

新生儿痤疮如何治疗?

轻症宝宝一般不需治疗,几周后会自愈。重症宝宝需及时到医院就诊,予消炎、抗感染等治疗。

> 温馨提示:家长切勿乱用皮炎平、肤轻松等皮质激素软膏。因为长期使用可使皮肤萎缩和色素沉着,形成毛细血管扩张或毛囊炎。

新生儿痤疮如何护理?

(1)做好宝宝的皮肤卫生:每日用温水洗脸,洗脸毛巾要柔软,脸盆要干净。洗脸时适当使用婴儿专用香皂,以祛除面部过多的油脂。

(2)切忌用手挤捏痤疮:挤捏痤疮易引起感染播散,如果感染严重,需在皮肤科医生指导下,合理应用抗生素治疗。

(3)哺乳母亲需膳食平衡:不吃高脂肪及辛辣食物,多吃新鲜蔬菜水果。

(4)不要喂宝宝糖水或饮料:保持宝宝大便通畅,防止便秘。

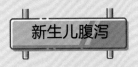

新生儿腹泻

小儿腹泻有哪些病因？

(1) 易感因素：①婴幼儿期生长发育快，所需营养物质多，消化负担重；②消化系统发育不成熟，胃酸和消化酶分泌少，胃酸低，消化酶活性低，消化能力弱；③血清免疫球蛋白和肠道分泌型sIgA均低，正常肠道菌群尚未建立，若用抗生素会导致肠道菌群失调，使正常肠道菌群对病原体的拮抗作用丧失，易患肠道感染。

(2) 人工喂养儿肠道感染发病率高：因缺少母乳中获得的体液因子、巨噬细胞和粒细胞等成分；牛乳中某些成分在加热过程中易破坏；食物、食具易污染，故人工喂养儿肠道感染发病率高于母乳喂养儿。

(3) 感染因素：小儿肠道感染以轮状病毒引起的秋季腹泻最常见。

发烧

3个月以下的宝宝发热可以在家自行处理吗？

3个月以下的宝宝发烧要及时到医院，因为新生儿败血症病情隐匿，常常无特异性表现。当宝宝有嗜睡、吃奶差、反应差、低体温时，常是病情危重的表现，需立即就医。宝宝发热时切忌包裹捂汗，正确的做法是：打开抱被散热，温水浴物理降温。能吃的退烧药只有对乙酰氨基酚或布洛芬（必须在医师指导下使用）。

父母需正确认识孩子发烧.

(1) 体温高低不一定反应病情轻重。发热提示机体反应强烈，体温越高并不等同于病情越重。如婴幼儿急诊，体温39～40C°，但并不是重症疾病；但手足口病的体温高低就反应病情轻重。

(2) 发热时如何判断病情轻重。皮肤颜色、不发烧是精神活动情况、呼吸、尿量情况，如出现任何一项异常，需立即就医。

(3)发热是对机体有利有弊。适当发热能增强免疫系统对病原的消灭状态，温度过高，这种作用就减弱或逆转，故需吃退热药。

(4) 正确使用体温计：额温需正确使用，否则误差较大。

卡介苗

😊 **新生儿接种卡介苗后出现脓疱怎么护理?**

卡介苗:生后3天接种,目前新生儿接种卡介苗有皮上划痕和皮下注射两种方法。皮内接种后2~3周出现红肿硬结,约10 mm×10 mm,中间逐渐形成白色小脓疱,自行穿破后呈溃疡,最后结痂脱落并留下一永久性圆形瘢痕。皮上接种1~2周即出现红肿,3~4周化脓结痂,1~2个月脱落痊愈,并留下一凹陷的划痕瘢痕。

早产儿有皮肤病变或发热等其他疾病者应暂缓接种;对疑有先天性免疫缺陷的新生儿,应绝对禁忌接种卡介苗,以免发生全身感染而危及生命。

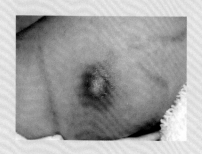 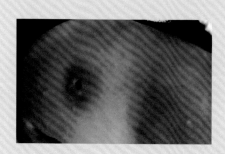

日常护理

抱孩子

😊 **抱孩子有哪些讲究?**

一月的孩子横抱、二月的孩子斜抱、三月的孩子竖抱或托抱

宝宝抱姿:横、斜、竖

 新生儿日常护理需注意什么？

（1）预防疾病：①宝宝衣服、被褥和尿布要柔软，并保持干燥和清洁。②母亲在哺乳和护理前应用肥皂洗手。③家属上呼吸道感染时应避免接触新生儿，需护理时应戴口罩。④保持室内空气清新，尽量减少亲友探视，避免交叉感染。⑤夏季要预防新生儿腹泻，宝宝的用具要专用，食具每次用后应消毒。

（2）预防佝偻病：足月宝宝在出生两周后应喂服维生素D。

（3）预防意外：夏季要预防中暑，冬季预防新生儿寒冷损伤综合征以及一氧化碳中毒。注意防止新生儿窒息，如哺乳姿势不当，乳房堵塞口鼻；寒冷季节包被蒙头过严等可导致窒息。

衣物选择 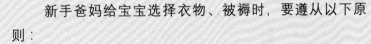 如何为新生宝宝选择衣物？

新手爸妈给宝宝选择衣物、被褥时，要遵从以下原则：

（1）以纯棉类的天然材质为首选，颜色以浅淡为宜。不要过多染色或加入了其他成分的颜料染成的布，以免宝宝皮肤过敏。布料应柔软、舒适、缝合处不能坚硬。在购买前，检查好领口的大小和腰围。并保证你所购买的衣服不影响尿布的使用，换尿布时不用脱下很多的衣服。

（2）以宽大舒适为宜，所选衣服最好衣袖较宽、弹性好、脖子周围无带状物。因为新生儿的活动是无意识、不规则和不协调的，四肢还大多是屈曲状，为了不束缚他们的发育，衣服宜做得宽大。这样，一来便于他们活动，二来便于穿脱。宝宝贴身穿戴的衣物、被褥等用品如果有小线头和带状物很可能缠绕在宝宝的手指等部位，造成局部血流受阻甚至坏死。不宜购买带有花边的衣服，孩子可能会把手插到其中的孔中，一定要注意。为了避免划伤娇嫩的皮肤，衣服上不要钉纽扣，更不能使用别针，可以用带子系在身侧，还要去掉可能存在安全隐患的装饰物。

(3) 新生儿基本都处于平躺的状态，且骨骼细嫩，所以选择衣物时一定要考虑穿脱是否方便。新生儿的颈部还不能直立，需仰卧或有人托扶，套头式的衣服穿脱极其不便，不适合给新生儿穿。新生儿衣服以结带斜襟式为最好，这种开衫衣服不仅穿脱方便，而且前襟长后背短，可避免或减少大便的污染。

(4) 选择的衣物尽量保证孩子至少可以使用2个月的时间。孩子不会在意略大一些的衣物，实际上略大一些的衣物更为合适，因为孩子在很短的时间里就会长大。

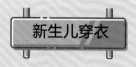

新生儿穿衣

如何给新生宝宝穿衣？

除非环境温度≥24C°，否则新生宝宝需穿多件衣服及抱被保暖。新生儿期一般不需穿裤子，只需穿贴身上衣，或推荐两条裤腿都有按扣或拉链的连体衣，方便穿脱及换尿不湿。穿衣数量可以用成人觉得舒适的基础上再加一件作参照。

戴帽子、保温

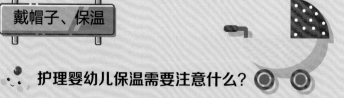

护理婴幼儿保温需要注意什么？

(1) 头部保温。刚出生的新生儿，室温低于20C°时建议戴帽子。

(2) 允许婴儿手脚偏凉。只要颈部温热，就可说明室温及穿盖合适，千万不要拿被子捂着，警惕捂闷综合征。

捂出病来了

维生素D来源

维生素D的来源有哪些?

(1) 内源性途径：人和动物皮肤内的7-脱氢胆固醇经日光中紫外线的光化学作用转化为胆固化醇，即内源性维生素D，为人类维生素D的主要来源。

（故建议婴儿每日室外活动2小时，但需注意避免晒伤，夏日在早晨10点前、下午3点后最佳。）

(2) 外源性途径：食物（肝、牛奶、蛋黄等）中的维生素D及鱼肝油等维生素制剂为外源性维生素D_3。

维生素D生理功能

维生素D的生理功能有哪些?

(1) 促进小肠黏膜对钙、磷的吸收。

(2) 促进肾小管对钙、磷的重吸收。

(3) 促进旧骨脱钙，增加细胞外液钙、磷含量。

正常饮食（不挑食）的孩子，不推荐额外补钙，补充维生素D即可。

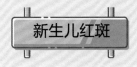

新生儿红斑

新生儿片状红色皮疹是怎么回事?

新生儿皮肤娇嫩，通常在受光线、空气、肥皂、毛巾、温度、衣物等刺激后出现全身可见的红斑，这就是新生儿红斑，大多2~3天消退，也有反复出现的，有的融合成片，甚至出现"脓点"，此时需到医院就诊，以防皮肤感染加重。

鼻翼白点

新生儿鼻翼上小白点需要看皮肤科吗?

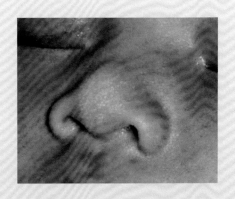

新生儿出生后常在鼻尖、鼻翼、面颊长出细小的、白色的皮疹，这就是粟粒*疹，多在生后3周内出现，可自行消退，不必看皮肤科。

婴儿湿疹

宝宝湿疹和过敏是一回事吗？

理论上说，过敏是因，湿疹是果。宝宝湿疹与其免疫识别系统不成熟，不能识别有益和有害物质，使机体出现了激烈的过敏反应，常常表现为皮肤湿疹，这种现象常常发生在六个月以内的小婴儿阶段。如果宝宝出现了严重的湿疹和过敏反应，需及时就医治疗，以免延误病情，导致不良后果。

口水疹

宝宝口水疹应如何处理？

处理口水疹最有效的措施是：①保持宝宝的皮肤清洁，轻柔按压吸干口水，并适时地涂抹乳液或霜；②在洗澡的时候，可使用温和、无刺激的沐浴用品；③随时注意更换宝宝的围兜、衣物、床单等物品。口水疹的范围一般是局部的，如症状持续1周未改善，且越来越红、范围越来越大时，需到医院就诊。

尿布疹

如何预防尿布疹？

（1）给宝宝勤换尿布，使臀部肌肤保持持久干爽。在脱下脏尿布之后，要将被包裹的部位进行彻底清洁，不要来回搓洗，只需轻轻进行抹洗。部分尿布疹为尿不湿过敏所致，当尿不湿覆盖部位有皮肤发红、皮疹时，应立即停止使用。

（2）清洗臀部建议只用温水，不要用沐浴液或者肥皂，以避免患处再受刺激。每天最好用流动水冲洗一次臀部。

（3）用柔软的纱布擦拭完屁股后要再抹上一层能有隔离效果的无刺激性的膏，比如屁屁乐、紫草油、凡士林等。若是有溃烂状，需及时去医院诊治。

*不要给宝贝抹爽身粉，因为爽身粉遇水后会结块，不利于患处的干燥，反而会加重刺激、滋生细菌。

尿布疹

皮肤褶烂

如何应对宝宝"淹脖子"（皮肤褶烂）

预防方法主要就是保持孩子皮肤褶皱处的干爽、清洁。及时清洗脖子褶皱深处的奶渍、汗液和口水。清醒时让宝宝趴着多练习抬头，给脖子褶皱深处舒展透气的机会。日常护理时可在清洁脖子时，待其干燥后，适当涂抹紫草油、鞣酸乳膏。

当皮肤褶烂比较重时，不要用痱子粉或其他刺激的东西。因为痱子粉在汗液作用下易干结，会对皮肤产生摩擦，同时易吸入气道导致呼吸道损伤！

乳腺肿大、假月经

新生宝宝乳腺肿大、来月经需要看妇科吗？

这是新生宝宝常见的现象，宝爸宝妈们勿需紧张。乳腺肿大：多数新生儿不分性别，出生2~3日出现乳腺肿大，切勿挤压，以免感染。2~3周后逐渐消退。假月经：女婴由于受母体激素水平影响，出生后激素中断，常表现生后5~7日内阴道有少量血性分泌物流出，可持续1周，称为假月经。只要保持会阴清洁，无须特殊处理。

新生儿脱皮

如何护理新生儿皮肤脱皮？

新生儿皮肤脱皮，是因其体内新陈代谢所致。因为在宝宝出生之前，一直都是处在羊水浸泡的状态中，当宝宝出生后，皮肤很快由原来的湿润状态变成干燥状态，因此就有脱皮的情况发生。

抱抱出生后乳腺肿大，不可手挤

胸部有如花生米或鸽子蛋大小的乳房肿块，有的会分泌少量乳汁

孩子来月经了？

护理：①不要强行搓掉或采取其他措施。②洗澡时应尽量避免使用沐浴露，以免将皮肤表面的油脂洗掉，加重皮肤干燥。③洗澡后可以在宝宝的皮肤表面涂抹一层婴儿润肤霜，并轻轻按摩，保持皮肤湿润。

皮肤锻炼

如何对小儿进行皮肤锻炼？

（1）婴儿皮肤按摩：按摩时可用少量婴儿润肤霜使之润滑，在婴儿面部、胸部、腹部、背部及四肢有规律地轻揉与捏握，每日早晚进行，每次15分钟以上。按摩可刺激皮肤，有益于循环、呼吸、消化、肢体肌肉的放松与活动；是父母与婴儿之间最好的情感交流方式之一。

（2）温水浴：温水浴可提高皮肤适应冷热变化的能力，还可促进新陈代谢，增加食欲。冬季应注意室温、水温，做好温水浴前的准备工作，减少体表热能散发。

（3）擦浴：7~8个月以后的婴儿可进行身体擦浴。水温32~33℃，待婴儿适应后，水温可逐渐降至26℃。先用毛巾浸入温水，拧至半干，然后在婴儿四肢做向心性擦浴，擦完再用干毛巾擦至皮肤微红。

（4）淋浴：适用于3岁以上小儿，效果比擦浴更好。每日1次，每次冲淋身体20~40秒，水温35~36℃，浴后用干毛巾擦至全身皮肤微红。待小儿适应后，可逐渐将水温降至26~28℃。

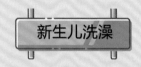

新生儿洗澡

如何给新生宝宝洗澡？

1岁以内，每周3次为宜，洗澡过频，容易造成皮肤干燥。脐带未脱落前，建议擦浴，脐带完全愈合后，尝试直接放入水中，水温以手腕或手肘感觉温热即可。

如果宝宝不是油脂分泌特别多，不必每次都用沐浴露。可每周用1次，沐浴露选择温和、无刺激、不易过敏配方。前囟也可清洗，动作轻柔即可。

新生儿牙

宝宝出生就有牙齿是怎么回事？

宝宝出生就有的骨性牙，称为新生儿牙，常易松动脱落，需口腔科拔出，以免新生牙脱落导致误吸及意外。

新生宝宝牙龈上有白点能挑破吗?

这是新生宝宝常见的"马牙",是上皮细胞堆积或黏液腺分泌物积留所致,表现为新生儿上颚、齿龈缘上微凸的黄白色点状物,数周后自然消退。同新生宝宝常见的"螳螂嘴"一样,是新生儿两颊较厚的脂肪垫,有利于吸吮,所以"马牙"和"螳螂嘴"均不应挑破,以免发生感染,严重者引起败血症,危及宝宝生命,宝爸宝妈们一定要重视。

马牙不能挑破

口腔护理

新生儿需要口腔护理吗?

不建议对新生儿的口腔进行特别的清洗,因为新生宝宝还未出牙,其唾液会起到天然的口腔清洗作用。BBunion早教中心认为即使在给宝宝喂奶之后在口腔黏膜上残留一些乳汁,也可以通过宝宝自己的唾液达到冲洗的作用。新手妈妈们可以用消毒棉签蘸温水,轻轻清理宝宝的口腔,但动作要轻柔,以免引起宝宝恶心反应。

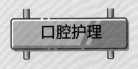

安抚奶嘴

可以用安抚奶嘴吗?

应根据宝宝情况而定,不鼓励也不杜绝。①奶嘴需注意安全、无毒、消毒、大小适合;②不能用有孔的奶嘴代替专用安抚奶嘴,否则易吸入空气而引起宝宝腹胀、吐奶;③不宜长时间、频繁使用,使用时最好有人看护,建议在9月~1岁戒掉。

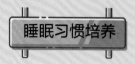

睡眠习惯培养

如何培养宝宝的睡眠习惯?

（1）家长应从小培养宝宝相对固定的作息时间，包括规律的睡眠时间。

（2）宝宝居室要安静、光线应柔和，睡前避免宝宝过度兴奋。

（3）家长可利用固定的乐曲催眠宝宝入睡，不拍、不摇、不抱，切忌用喂哺催眠。

（4）家长需从小培养宝宝独自睡觉的习惯。

（5）保证宝宝一天有充足的睡眠时间。

宝宝睡姿

什么样的睡姿适合宝宝?

仰卧位是宝宝常用睡姿，但需注意溢奶、吐奶导致窒息。宝宝出生后，在清醒、有看护的情况下，每天让宝宝趴一会。多趴可以防止宝宝头部过扁和偏头，多趴的宝宝更易学会爬行，多趴还可促进宝宝心肺的发育。无论何种睡姿，应有人看护方为安全睡姿。

睡觉注意事项

宝宝睡觉需注意的事项有哪些?

不要让宝宝睡在父母中间，宝宝睡眠过程中耗氧量大，会导致宝宝呼吸不畅，而且容易被压到。最好让宝宝睡单独的婴儿床（同屋不同床）。

不要开灯睡觉

睡觉注意事项

夜晚开灯睡觉对宝宝有影响吗?

夜晚开灯睡觉会影响宝宝褪黑素分泌，影响宝宝发育，引起性早熟，使宝宝的抵抗力下降，所以要关灯睡。

宝宝枕头

宝宝需要用枕头吗？

宝宝三个月前不用枕头，容易溢奶者头部垫高成30度斜坡，满3个月后，如后脑勺较大，仍不需枕头，枕头高度需视情况而定，宝宝呼吸顺畅、表情自然为宜，避免枕头过高导致呼吸道不畅。不建议使用定型枕，有导致窒息的风险。

宝宝夜醒

为什么宝宝常常夜醒？

（1）营养需求：正常足月新生儿胃容量不大，需少量多餐的喂食才可满足营养需求。

（2）神经发展需求：宝宝出生后，大脑细胞与神经网络的发展与连接需靠后天的环境刺激。

（3）安全感及依附关系建立：确认父母亲或照顾者在身旁，满足生理、心理的需求。

睡觉不踏实

宝宝夜间睡觉不踏实，原因有哪些？

多与以下因素有关，建议新手宝妈对照下面的因素进行排查。

睡前喂得太饱，便秘，过敏（皮肤瘙痒）、胃食道返流，温度舒适度，光线原因，皮肤干燥，包裹太严（拒绝捆粽子式的蜡烛包），睡前有情绪，睡眠习惯因素等。

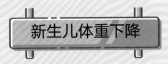

新生儿体重下降

宝宝出生后前10天体重下降是奶没吃够吗？

生理性体重下降是指宝宝出生后数日内，由于丢失水分多及胎便排出而造成的体重暂时性下降，一般下降体重不超过出生体重的10%，生后10日左右恢复至出生时体重，这是正常的，与奶量没吃饱无关。但如果宝宝体重持续下降或增长不好，需及时就医查明原因。

定时喂奶

宝宝需要定时喂奶吗？

不是必需的，母乳喂养的宝宝按需哺乳，奶粉喂养的宝宝，可按2~3小时喂一次，也可按照宝宝需求。如果等宝宝已经很饿了才喂，宝宝吃得太急容易呛奶，引起吸入性肺炎和窒息；宝宝吃饱了不可强迫喂奶，以免发生意外。

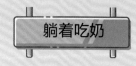

躺着吃奶

宝宝可以躺着吃奶吗？

不要让宝宝躺着吃奶，会有以下风险：

（1）咽喉是三岔路口，喂奶时一定要使宝宝耳朵高于咽喉，否则一旦奶汁进入耳道，宝宝易发生中耳炎。

（2）宝宝夜间吃奶时会因为用力而发困睡觉，此时宝宝小嘴仍会动，也会吸出奶汁，但由于宝宝在睡觉时无吞咽行为，较易发生呛奶，重者会导致吸入性肺炎。

（3）妈妈在晚上喂母乳时容易发困打盹，如果宝宝躺着吃奶，妈妈的乳房极易堵住宝宝口鼻造成窒息。

母乳喂养是否够

如何判断母乳喂养是否足够？

（1）宝宝每日需有8~12次充分吸吮时间，吸吮时有闻及满足的吞咽声。

②出生2日内，小便2~3次/日，3天后6~8次/日；出生24小时至少排大便3~4次。

③出生1周内，宝宝体重下降不超过出生体重10%，1周后体重逐渐增加。

④宝宝满月时，体重增长500~1000g，三个月时体重较出生时翻倍，小便6~8次/日。

宝宝生后1小时内，吸吮反射和觅食反射会让其有着旺盛的吸吮需求。这种本能的条件反射在之后的3~4个月里均存在，随着月龄增长会慢慢消失，常常会误导家人以为妈妈奶少宝宝没吃饱。因此提醒新妈妈：仅仅以点触宝宝面颊激发觅食反射，作为试探宝宝是否饥饿的方法是不对的。

打嗝应对

🌸 **宝宝吃完奶一直打嗝，正常吗？**

新生儿自发性地连续打嗝是因为横膈膜受到刺激所造成，与其神经发育不成熟有关，常常发生在宝宝吃完奶时。宝宝打嗝时或多或少都会有点不舒服，此时母亲可抱起宝宝帮他拍拍背，或喂他吃些奶，或直立抱于胸前休息会，打嗝自然会停止。

吐奶预防

🌸 **如何防止宝宝吐奶？**

新手妈妈第一次遇到宝宝吐奶，常常会惊慌失措，不知如何应对，下面介绍一些防止宝宝吐奶的方法，希望能有所帮助。

（1）及时拍嗝：防止吐奶的最好办法是给孩子拍嗝，尤其吃奶前哭闹时，更应先拍嗝。

（2）先换尿布后再喂奶：当宝宝肚子饱的时候，被妈妈左翻右翻，还被拎起双腿换尿布，不吐奶才怪。同样，按摩、抚触、洗澡等都应该安排在喂奶前，以防过多翻动引起宝宝吐奶。

新生儿体重下降

🌸 **宝宝嘴唇干燥、尿黄需要喂水吗？**

（3）选择合适的喂奶姿势：坐着喂奶，相对躺着喂奶引起宝宝吐奶的机会要少。因为怀抱里的宝宝身体倾斜，胃相应有一定的倾斜度，吸入的奶汁由于重力作用可部分流入小肠，使胃部分腾空，躺着喂奶的宝宝稍一晃动便易造成奶汁向食管返流而吐奶。

答案是否定的。对于6个月内的母乳或奶粉喂养的宝宝，因为母乳或奶粉都含有大量的水，额外喂水不仅会增加宝宝的肾脏负担，而且宝宝胃容量有限，水分会占据其胃容量，使奶量相对减少，影响宝宝的生长发育。

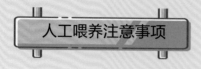

人工喂养注意事项

人工喂养的注意事项有哪些？

（1）根据宝宝月龄选择合适的乳品或代乳品。

（2）乳品和代乳品的用量和浓度应按宝宝年龄和体重计算，不可过稀或过浓。

（3）一切喂哺用具应在每次喂哺前后洗净、煮沸消毒，保持清洁卫生。

（4）选择适宜的奶瓶和奶嘴，奶嘴软硬度和奶嘴孔的大小应合适，奶嘴孔的大小以倒置奶瓶时奶汁呈滴状连续滴出为宜。早产儿因吸吮力度欠佳，应选择较软、较薄的奶嘴，最好选择早产儿专用奶嘴。

（5）每次哺乳前应将乳汁滴几滴于手背或手腕处来感触乳汁的温度，以不烫手为宜。

（6）哺乳时选取舒适的姿势，将宝宝斜抱于怀中，奶瓶倾斜，使奶嘴充满乳汁，喂哺完后将宝宝竖抱拍背，取右侧卧位。

（7）按需哺乳：根据宝宝食欲、体重、大便性质增减奶量，切忌将哺乳当安抚宝宝的手段。

（8）正确评估宝宝进食及生长发育情况：①每次喂养时注意观察宝宝吸乳、精神、面色情况，有无吸乳困难、呛咳、青紫等；②哺乳后宝宝是否安静；③记录宝宝每日进食乳品种类、摄入量及剩余量；④定期给宝宝称体重。奶量充足的标准：每日有6~8次尿，体重逐渐增长。

奶粉配制

奶粉如何配制？为什么要求必须是刮平的一平勺？多一点或少一点可以吗？

奶瓶内先倒入相应刻度温开水（以滴到手背或手臂不烫为宜），然后奶粉勺装满奶粉，在奶粉罐边上（有些奶粉罐口有多出来的条形）刮平，倒入奶瓶内轻柔摇匀，再次确认温度适宜后，将奶嘴充满奶液喂食宝宝（因为奶嘴不充满奶液，宝宝易吸入空气，引起溢奶）。

如果奶粉过多，渗透压过高，会加重肾脏负担，增加血尿风险；如果奶粉过少，会导致热卡不足，而长时间热卡不足，会引起宝宝生长发育落后。

放置奶粉勺

怎样正确放置奶粉勺？

见下图图示。

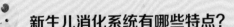

消化系统特点

新生儿消化系统有哪些特点？

（1）新生儿消化道面积相对较大，肠壁较薄，通透性高，有利于吸收母乳中的免疫球蛋白和营养物质。

（2）新生儿胃呈"水平位"，贲门括约肌发育差，幽门括约肌发育好，易发生溢乳和呕吐。

（3）新生儿出生后12小时开始排出墨绿色胎粪（由胎儿肠道分泌物、胆汁和吞下的羊水组成），3~4日排完，如超过24小时还未见胎粪排出，应检查有无畸形。

（4）新生儿肝脏中的葡萄糖醛酰转换酶的活性较低，这是其出现生理性黄疸及对某些药物解毒能力低下的主要原因。

奶瓣大便

宝宝大便出现奶瓣正常吗？

宝宝喂奶期间，大便里易出现奶瓣，这是宝宝对奶中蛋白质消化不够完全的表现，只要宝宝生长发育良好，密切观察即可，家长勿需焦急。

其他

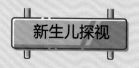

宝宝出院回家亲朋好友可以探视吗？

宝宝出院回家，亲朋好友都想来看看。但刚出院的宝宝对周围环境比较敏感，需要时间适应家里的新环境，如果频繁有陌生人来访，不利于宝宝适应家庭的新环境。

另外，刚出院的宝宝体质较弱，在传染病高发季节，频繁与陌生人接触，会增加被感染的风险。因此，宝宝出院回家后，不建议亲朋好友来探望，但可以表达谢意。

家里有新生宝宝时能抽烟吗？

众所周知，吸烟有害健康，尤其二手烟对他人危害更大。如果家里有新生宝宝，是不建议在家里吸烟的。尤其是早产宝宝肺发育不成熟，烟所含的有害物质会对宝宝脆弱的肺造成损伤，因此必须禁止在家吸烟。对于烟瘾很大的家人，应该到外面抽烟，回家后需漱口、洗手及更换衣服后再和宝宝接触。

成长日记

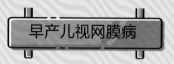

早产儿视网膜病

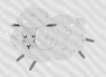

早产儿视网膜病是怎么回事？

早产儿视网膜病变（ROP）是一种病理性新生血管增殖伴纤维化改变的早产眼底疾病，全球范围内ROP发病率约为10%，不同区域发病率存在较大差异，且出生体重越低和出生胎龄越小的早产儿，ROP发生率越高。ROP发生与不规范吸氧、窒息、感染及遗传易感性密切相关。患眼视网膜血管发生纤维血管增殖性改变，视网膜受牵拉，严重时可致视网膜脱落、视力丧失，ROP是儿童致盲的重要原因，因此早产儿出院后需严格按照医嘱定期随访。

早产儿呼吸暂停

如何应对早产宝宝出院后呼吸暂停？

早产爸妈常常会发现，宝宝出院回家后呼吸不均衡，时快时慢，其实这是正常的生理现象。只要宝宝在正常呼吸，面色无发青，属于正常的周期性呼吸，勿须担心。但如果宝宝呼吸暂停超过20秒，伴面色发青需及时干预：家长需立即轻弹宝宝脚底，或者轻拍宝宝，帮助孩子恢复呼吸。多数情况下宝宝都能够恢复呼吸；如果无效，需及时就诊。

温馨提示：建议给早产宝宝配置家用血氧监测仪，维持氧饱和度在90%以上。

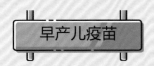

早产儿疫苗

早产儿如何接种疫苗？

早产儿也要注意接种疫苗：①如果宝宝体重过轻、病情严重，暂时不宜接种疫苗；②当宝宝体重达2000g以上时进行第一针乙肝疫苗预防接种，卡介苗则要体重大于2500g才可接种。②其他疫苗和同时出生的足月儿一样定期正常接种。③建议在接种疫苗前咨询医师，无其他禁忌证才可以注射。

早产儿可以接种卡介苗吗？

早产儿有皮肤病变或发热等其他疾病者应暂缓接种卡介苗；除此之外，如果孩子出生正常，体重超过2500克，可以在出生后24小时接种卡介苗疫苗。

补种卡介苗的话，如果不超过3个月，可以直接补种；如果超过3个月，就需要做结核菌素试验，结果呈阴性才能接种卡介苗。

早产儿最好在出生后6个月接种卡介苗，卡介苗最晚的接种时间是4岁之前，建议最迟应在1岁之前完成疫苗接种。

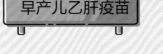

早产儿乙肝疫苗

早产儿如何接种乙肝疫苗？

早产儿免疫系统发育不成熟，通常需接种4针乙型肝炎疫苗。

（1）HBsAg阴性孕妇的早产儿：①如生命体征稳定，出生体重≥2000g时，即可按0、1、6个月3针方案接种，最好在1~2岁再加强1针；②如果生命体征不稳定，应首先处理相关疾病，待稳定后再按上述方案接种。③如果早产儿<2000g，待体重达到2000g后接种第1针；1~2个月后再重新按0、1、6个月3针方案进行。

（2）HBsAg阳性孕妇的早产儿：①出生后无论身体状况如何，12h内必须肌肉注射乙肝免疫球蛋白，间隔3~4周后需再注射一次。②如生命体征稳定，无须考虑体重，尽快接种第1针。③如生命体征不稳定，待稳定后，尽早接种第1针，1~2个月后或者体重达到2000g后，再重新按0、1、6月三针方案接种。

早产儿

日常护理

早产儿"七活八不活"可信吗?

早产儿原因较复杂,有胎儿自身因素、母亲因素、脐带、胎盘的因素;胎龄越小、体重越低,各系统越不成熟,并发症越多,风险越大。随诊NICU水平的不断发展,国内<28周的极早早产儿存活率明显提高,故"七活八不活"是没有科学依据的,是不可信的。

早产儿生活环境

早产宝宝对生活环境有什么要求?

(1)早产宝宝皮肤薄,皮下脂肪少,出院后室内温度应保持在24~25℃,晨间护理时,提高到27~28℃,相对湿度55%~65%,维持体温在36.5~37℃。

(2)因早产宝宝头部面积大,散热量大,头部应戴绒布帽,以降低耗氧和散热量。

(3)看护人员应勤换衣服、鞋,勤洗手,保持室内清洁、干净、舒适、整齐。

(4)各种操作(更换尿布、换衣服、洗澡)时应注意保暖,并尽量缩短操作时间。每日测体温6次,注意体温的变化,如发现异常及时就医。

早产儿预防感染

预防早产宝宝感染有哪些具体方法?

(1)早产儿免疫功能不成熟,应加强口腔、皮肤及脐部的护理:①脐部未脱落者,采用分段沐浴,浴后用安尔碘或2.5%碘酊和75%乙醇消毒脐部,保持脐部皮肤清洁干燥。②每日口腔护理1~2次。

(2)看护人员接触早产儿前均应洗手。

(3)减少看护人员以外的人员探视,避免交叉感染。

不要在卫生间给宝宝洗澡,卫生间为细菌容易滋生的地方,不宜久留,尤其早产儿。

 **早产宝宝出院后需注意哪些问题?**

(1) 注意保暖保湿:早产儿体温调节中枢不成熟,皮下脂肪薄,体表面积大,容易散热,保暖不当易出现低体温,因此室温应保持在24~26C°,维持宝宝体温在36~37C°。此外,环境干燥会造成早产儿水分散失过多,故需保持相对湿度在55%~65%。

(2) 加强喂养:母乳营养均衡易于消化,提倡母乳喂养。如果宝宝体重增长不好,或者出生时体重偏低,可添加母乳强化剂。如无母乳,需喂早产儿专用配方奶。要注意补充铁剂、维生素D及AD等。

(3) 注意卫生:早产儿免疫力低下,建议减少亲友探视。①照看宝宝的人员,要保证身体健康并注意手卫生;②奶具需煮沸消毒;③宝宝每次大便后用温水清洗臀部,勤换尿布;④保持室内空气清新,每天上下午各通风换气一次,每次10-15分钟。

(4) 注意皮肤护理:早产儿皮肤薄嫩,容易破损感染,应加强清洗,并涂擦少许润肤油,特别注意皮肤皱褶处如颈部、腋窝、腹股沟、会阴等部位的清洁护理。保持脐部清洁干燥。

(5) 加强视觉训练:①在宝宝可以看到的地方摆些彩色的东西,如红球、照片或玩具,并常常更换和移动;②将色彩明亮的丝带绑在宝宝能看到但碰不到的地方,给宝宝增加一些色彩刺激,以促进宝宝视觉发育。

(6) 重视听觉及语言训练:①妈妈的声音是对宝宝最好的刺激,要多和宝宝说话、唱歌;②在宝宝身边系个小铃铛,让宝宝听摇铃声、看摇铃;③爸妈可以在房间的不同地方对宝宝说话或摇铃铛,让宝宝听到并用眼睛追寻声音的来源。

(7) 定期随访,早期干预:部分早产儿可能发生脑瘫、运动发育落后等风险,爸妈要带宝宝定期去医院随访。

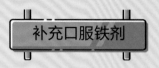
补充口服铁剂

口服铁剂应注意哪些问题?

(1) 为减少胃肠道反应,宜从小剂量开始,逐渐加至足量;在两餐之间服食;间隔补铁。

(2) 铁剂可与维生素C、果汁等同服,利于吸收;忌与抑制铁吸收的食物同服。

(3) 液体铁剂可使牙齿染黑,可用吸管或滴管服药。

(4) 服用铁剂后,大便会变黑或呈柏油样改变,停药后可恢复,家长应消除其紧张心理。

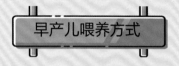
早产儿喂养方式

早产宝宝出院后喂养方式与远期预后?

母乳喂养是大家公认的早产儿最好的食品,母乳中的蛋白比例更利于早产儿消化吸收;但母乳蛋白质含量较少而且受母亲身体状况和饮食的影响,使母乳中的蛋白质含量不能达到正常值水平,早产儿易出现营养不足的问题。有研究发现,低出生体重早产儿出院时,常存在宫外生长迟缓(EUGR),是指出生后的体重、身高、头围低于同胎龄的第10百分位。因此早产儿出院后强化营养支持对其远期预后非常重要,在母乳充足时,可以添加母乳强化剂;在母乳不足时,可以选择早产儿配方奶。

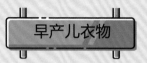
早产儿衣物

如何为早产宝宝挑选衣物?

为早产宝宝选择衣物很重要,除了考虑正常的需求,对衣服材质、颜色、工艺、款式有明确的要求外,还应更多考虑早产宝宝的特点,选择合适的衣物。

(1) 早产、低体重宝宝尽量选择合身的衣物,因宝宝身长较小,市面上大多数衣物可能都不合适,因此在挑选衣物时要更加仔细,否则宝宝会因衣物不舒服出现哭闹。

(2) 宝宝衣物需注意头部的保暖:早产宝宝的头部占身体的比例较大,所以头部是最重要的散热部位,建议给宝宝尤其是早产宝宝戴一顶小帽。

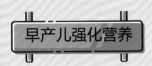
早产儿强化营养

 哪些早产宝宝出院后需强化营养?

早产宝宝出院后强化营养，对其远期预后十分重要。具有以下营养不良高危因素的早产宝宝需进行出院后的强化营养：①极（超）低出生体重儿；②出院时存在宫内外生长迟缓；③出生后病情危重、并发症较多；④住院期间体重增长不满意（<15g/kg/d）。

早产儿喂养方案

早产儿体重不增

 **吃母乳的早产宝宝出院后体重不增怎么办?**

对于无营养不良高危因素的早产宝宝，母乳仍是出院后的首选，但未经强化的母乳不能补充早产宝宝生后早期在能量和蛋白质方面的累计缺失，不能满足其追赶性生长的需求。因此，当母乳喂养的早产宝宝体重不增时，需进行母乳强化，方法如下：早产儿耐受100mL／kg/d的母乳喂养之后，将母乳强化剂加入母乳中进行喂养至矫正胎龄40周。之后根据宝宝生长发育情况，选择喂养方式

早产儿/低出生体重儿出院后如何选择喂养方案?

（1）人乳：人乳对早产儿具有特殊的生物学作用。世界卫生组织等积极倡导在新生儿重症监护病房进行人乳喂养，首选亲生母亲母乳，其次为捐赠人乳，以降低早产儿相关疾病的发生率。出院后母乳仍为早产儿的首选喂养方式，并至少应持续母乳喂养至6月龄以上。

（2）强化人乳：因早产儿摄入量的限制和人乳中蛋白质和主要营养素含量随泌乳时间延长而逐渐减少，使早产儿难以达到理想的生长状态，特别是极（超）低出生体重儿。对于胎龄<34周、出生体重<2000g的早产儿，采用人乳强化剂（human milk fortifer, HMF）加入早产母乳可增加母乳中蛋白质、能量、矿物质和维生素含量，确保早产儿营养需求。

（3）早产儿配方：适用于胎龄<34周、出生体重<2000 g的早产儿在住院期间使用。与普通婴儿配方相比，此种早产儿配方（premature formulas, PF）增加了能量密度及蛋白质等多种营养素，以满足早产儿在出生后早期生长发育的需求。

（4）早产儿过渡配方：对于胎龄>34周的早产儿或出院后早产儿，如长期采用PF可导致过多的能量过剩，增加宝宝日后发生代谢性疾病的风险。

早产儿喂养方式

早产宝宝是否都比别人矮小？

不是绝对的，因为人的身高与遗传、营养、内分泌、疾病状态等综合因素相关，并不是早产的宝宝就矮小。

早产儿喂养方式

如何添加早产宝宝的辅食？

早产宝宝引入辅食需结合其发育成熟度，建议在纠正胎龄4～6月龄引入。过早或过晚引入辅食可能导致食物过敏、喂养困难，影响体格发育。早产宝宝个体差异较大、追赶生长速度不同，即使月龄相同，每个宝宝的发育水平也不一样，所以需进行个体化的评估。如早产宝宝经专业医护人员评估，其伸舌反射消失、可扶坐、抬头稳、身子可前倾、能张口接受勺子喂食，提示此时可引入辅食。

成长日记

产妇

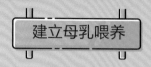

建立母乳喂养

如何建立良好的母乳喂养？

（1）产前准备：大多数健康的孕妇都具有哺乳的能力，但真正成功的哺乳则需孕妇身心两方面的准备和积极的措施。保证孕母合理营养，孕期体重增加适当（12~14kg），母体可贮存足够脂肪，供哺乳热能的消耗。

（2）乳头保健：孕母在妊娠后期每日用清水（忌用肥皂或乙醇之类）擦洗乳头；乳头内陷者用两手拇指从不同的角度按乳头两侧并向周围牵拉，每日1次至数次；哺乳后可挤出少许乳汁均匀地涂在乳头上，乳汁中丰富的蛋白质和抑菌物质对乳头表皮有保护作用。这些方法可防止因出现乳头皲裂及乳头内陷而中止哺乳。

（3）尽早开奶、按需哺乳：吸吮对乳头的刺激可反射性地促进泌乳。两个月的小婴儿每日多次按需哺乳，使吸吮有力，乳头得到足够的刺激，乳汁分泌增加。有力的吸吮是促进乳汁分泌的重要因素，使催乳素在血中维持较高的浓度，产后两周乳晕的传入神经特别敏感，诱导缩宫素分泌的条件反射易于建立，是建立母乳喂养的关键时期。吸吮是主要的条件刺激，应尽早开奶（产后15分钟至两小时内）。尽早开奶可减轻婴儿生理性黄疸、生理性体重下降及低血糖的发生。

（4）促进乳房分泌：吸乳前让母亲先湿热敷乳房，促进乳房循环流量。2~3分钟后，从外侧边缘向乳晕方向轻拍或按摩乳房，促进乳房奶量已能满足婴儿需要，则可每次轮流哺喂一侧乳房，并将另一侧的乳汁用吸奶器吸出。每次哺乳应让乳汁排空。

（5）正确的喂哺技巧：正确的母儿喂哺姿势可刺激婴儿的口腔动力，有利于吸吮。正确的喂哺技巧还包括如何唤起婴儿的最佳进奶状态，如哺乳前让婴儿用鼻推压或舔母亲的乳房，哺乳时婴儿的气味、身体的接触都可刺激乳母的射乳反射；等待哺乳的婴儿应是清醒状态、有饥饿感、已更换干净的尿布。

经常让孩子吮吸

向坚持母乳喂养的妈妈们致敬！

(6) 乳母心情愉快：因与泌乳有关的多种激素都直接或间接地受下丘脑的调节,下丘脑功能与情绪有关, 故泌乳受情绪的影响很大, 心情压抑可以刺激肾上腺素分泌, 使乳腺血流量减少, 阻碍营养物质和有关激素进入乳房, 从而使乳汁分泌减少。刻板地规定哺乳时间也可造成精神紧张, 故在婴儿早期应采取按需哺乳的方式并保证孕妇和乳母的身心愉快和充足的睡眠, 避免精神紧张, 可促进泌乳。

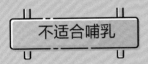

不适合哺乳

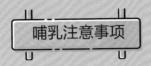

哺乳注意事项

母亲哪些情况不适合哺乳?

(1) 母亲感染HIV、患有严重疾病（如慢性肾炎、糖尿病、恶性肿瘤、精神病癫痫或心功能不全等）应停止哺乳。

(2) 母亲患急性传染病时, 可将乳汁挤出, 经消毒后哺喂。

(3) 由于乙肝母婴传播主要发生在临产或分娩时, 是通过胎盘或血液传递的, 因此乙型肝炎病毒携带者并非哺乳的禁忌证。

(4) 母亲感染结核病, 但无临床症状时, 可继续哺乳。

母亲哺乳时有哪些注意事项?

(1) 母亲在哺乳期应注意有足够的营养、规律的生活、充足的睡眠和愉快的心情, 避免刺激性食物和吸烟、饮酒等, 每日应比平时多增加热能和水分。

(2) 母亲在哺乳期不要随便服药（如阿托品、红霉素、磺胺、苯巴比妥等）。

(3) 哺乳期间应注意观察乳量是否充足, 如哺乳前乳房不胀, 哺乳时间过短或过长（平均15分钟/次）, 哺乳后宝宝睡眠时间短并不安, 常哭闹, 或宝宝体重不增或增长缓慢, 需考虑为母乳量不足, 应查找原因加以纠正。

(4) 母亲乳头裂伤：多因哺乳时间长, 乳头受唾液刺激所致。宜先用温水洗净, 并予暴露、干燥, 然后涂少量鱼肝油软膏, 用乳头帽喂哺。

(5) 乳房胀痛：常因排乳不畅或因宝宝未能吸空所致, 易发生乳腺炎。建议每次哺乳后可应用吸乳器或用手法挤乳, 将乳汁排空, 有乳块时局部湿热敷可使其消退, 防止发生乳腺炎。

（6）母亲患有慢性消耗性疾病（如慢性肾炎糖尿病、恶性肿瘤、结核病或心功能不全等），均应停止哺乳。

（7）合理断乳：随着宝宝年龄的增长，母乳的量和质逐渐下降，不能满足宝宝生长发育的需要，并且宝宝的消化吸收功能已逐渐完善，其饮食应从流质转为半流质和固体膳食。因此，宝宝出生后6个月需开始添加辅食，以补充小儿营养所需；同时逐步减少哺乳次数，为断乳做准备。如条件允许，可吃到自然断乳。如果遇夏季炎热或宝宝有疾病时应延迟断乳。

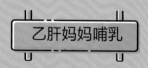

乙肝妈妈可以喂母乳吗？

如果妈妈是乙型肝炎带病毒者，医护人员会在宝宝出生后尽快给他注射乙肝免疫球蛋白和乙肝疫苗，预防宝宝受感染。到宝宝1个月和6个月时，需再次接受乙肝疫苗注射。所以妈妈是可以喂哺母乳，无须担心病毒从乳汁传给宝宝。

哺乳期间能饮酒吗？

母亲哺乳期间不能饮酒，因母乳与血液之间无任何屏障，母乳内酒精浓度等同于血液里酒精浓度，酒精会损伤宝宝的神经系统，通俗点讲，会伤害宝宝的脑子。

母乳能储存多长时间？

存储场所和温度	存储时间
新鲜母乳在25℃左右的常温	4小时
解冻母乳在25℃左右的常温	4小时
解冻并已加温的母乳在25℃左右的常温	请立即食用
新鲜母乳在15℃左右的冰盒	24小时
新鲜母乳在4℃左右的冷藏室	5~8天
解冻母乳在4℃左右的冷藏室	24小时
解冻并已加温的母乳在4℃左右的冷藏室	4小时
新鲜母乳在单门冰箱（非独立）的冷冻室	2周
新鲜母乳在双门冰箱（独立）的冷冻室	3~6个月
新鲜母乳在-20℃左右的低温冷冻室	6~12个月

*吃剩的奶丢弃，不能留着再吃，解冻的奶不能再冰冻！

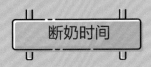
断奶时间

春季最易断奶吗？

人们普遍认为春季最适合断奶，因为冬天太冷、夏天太热。事实上，对于1岁左右的孩子，任何一个季节断奶都面临生病的风险，所以断奶需结合宝宝自身情况而定。母乳喂养对妈妈健康及孩子认知发育、亲子关系的益处是显而易见的，不要在春天匆匆断奶。

吸奶器

断奶后是否应该使用吸奶器？

要看妈妈的具体情况。①如果妈妈在给宝宝断奶成功时，乳房产奶量已经非常少，一天不挤奶也没有涨奶的感觉，就不必用吸奶器。②如果妈妈在断奶时，奶量还比较多，3~6小时仍然会明显涨奶，就需要用吸奶器来帮助过渡，根据涨奶频率来逐渐减少使用吸奶器。

> 注意：使用吸奶器不要完全"排空"乳房，只需达到快速均匀排出乳汁，避免乳房涨奶就可以了。

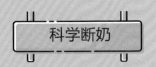
科学断奶

如何断奶才是科学的？

母乳喂养没有断奶时间上限，主要取决于妈妈和宝宝的意愿。妈妈应该坚持自己的选择，不受他人意见左右，不然易出现情绪问题。断奶前，需培养会安抚、奶瓶喂养及辅食添加技巧的得力助手。应选择宝宝健康、生活规律的时候断奶，避免在妈妈上班，宝宝分离焦虑时断乳。断奶需循序渐进，每3~7天减少一次哺乳，选择在宝宝最易安抚和转移注意力的时候减少更容易成功。

吸奶器

断奶后需要排残奶吗？

这是个伪命题。因为原理是由排奶驱动的，排出的多产的就多。断乳后，乳腺里的乳汁会被身体自然吸收，这个时间的长短因人而异。在断奶的过程中，要避免用强行憋胀乳房的方式回奶，这样会导致母亲乳腺中存留过多乳汁，造成身体不适，严重者会引起乳腺炎。

产 妇

母乳喂养

回 奶

妈妈如何尽快回奶？

市面上的回奶茶、退奶茶效果多不确切。

（1）妈妈分娩后的初乳阶段：选择激素类的回奶药效果会比较明显。

②泌乳阶段过渡到分泌成熟乳且泌乳量显著增加：此时单纯靠服用药物回奶效果就不理想，而减少排奶才是回奶的关键。如果有点奶就想挤出来，那乳汁会一直分泌，我们建议保持乳房柔软不涨即可。

③在断奶期间出现明显涨奶，需要少量排奶。奶量越大，越要注意循序渐进的减少排奶，比如断奶最开始的三两天，每天挤奶三次，之后减少到一次，然后是两三天一次，之后不再挤奶。

成长日记

婴儿期

(29天~12月龄)

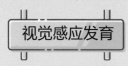

视觉感应发育

小儿视觉感应发育有哪些特点？

新生儿已有视觉感应功能，在安静清醒状态下可短暂注视物体，但只能看清15~20cm内的物体；生后2个月可协调地注视物体，开始有头眼协调；3~4个月时喜看自己的手，头眼协调较好；6~7个月时目光可随上下移动的物体垂直方向转动；8~9个月时，能看到小物体；18个月时已能区别各种形状；2岁时可区别垂直线与横线；5岁时已可区别各种颜色。

听觉发育

小儿听觉发育有哪些特点？

新生宝宝出生时鼓室无空气，听力较差，出生后3~7日听觉已相当良好；3~4个月时头可转向声源，听到悦耳声时会微笑；7~9个月时能确定声源，区别语言的意义；13~16个月时可寻找不同响度的声源，听懂自己的名字；4岁时听觉发育已经完善。小儿的听觉发育和语言发育密切相关，听力障碍如果不能在语言发育的关键期（6个月内）或之前得到确诊和干预，则可因聋致哑。

嗅觉发育

小儿嗅觉发育有哪些特点？

足月宝宝出生时，嗅觉中枢与神经末梢已发育成熟；3~4个月时能区别愉快与不愉快的气味；7~8个月开始对芳香气味有反应。

运动发育

小儿运动发育有哪些特点？

小儿的运动发育遵循从简单到复杂、从远端到近端的规律：3~4个月握持反射消失后手指可以活动；6~7个月时出现换手与捏、敲等探索性动作；9~10个月时可用拇指、食指拾物，喜撕纸；12~15个月时学会用匙，乱涂画；18个月时能叠2~3块方积木；2岁时间叠6~7块方积木，会翻书。

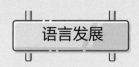

小儿语言发展有哪些特点?

宝宝语言发育与大脑、咽喉部肌肉的正常发育及听觉的完善有关，需经过发音、理解和表达三个阶段，随着宝宝年龄增加，对外界的不断认识，其语言能力也逐渐成熟起来。

(1) 新生儿出生时即会哭闹，3~4个月咿呀发音;

(2) 6个月的宝宝能听懂自己的名字;

(3) 12个月时能说简单的单词，如"再见""没了";

(4) 18个月时能用15~20个字表达，可指认说出家庭主要成员的称谓;

(5) 24个月时能指出简单的人、物名和图片;

(6) 3岁时几乎能指认许多物品名，并说有2~3个字组成的短句;

(7) 4岁时能讲述情节简单的故事。

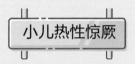
小儿热性惊厥

重视小儿热性惊厥

热性惊厥是6月至3岁小儿最常见的、预后多数良好的惊厥之一，又称高热惊厥，有明显的家族遗传倾向。一般发生在上呼吸道感染或其他感染性疾病初期，体温上升过程中大于38C°以上时出现惊厥，在排除颅内感染和其他导致惊厥的器质性或代谢性疾病基础上，就可以诊断。虽然确切发病机制未明，但主要系脑发育未成熟、发热、遗传易感性三方面因素交互作用所致。病毒感染是主要原因。尽管热性惊厥预后较好，但新手爸妈仍需重视。

婴幼儿急疹

婴幼儿急疹是怎么回事?

婴幼儿急疹又称为婴儿玫瑰疹，是2岁以下宝宝最常见的一种以发热、出疹为特征的疾病，其感染的病原体为人类疱疹病毒 6 型(HHV-6)。当宝宝感染肠道病毒后，突然出现发热，可能持续高热或低热，常常没有任何征兆，宝宝精神好，一般病程3~5天，"热退疹出"是其较有特点的表现。幼儿急疹是一种预后良好的疾病，一般来说，整个病程如果没有出现并发症，是不需要过多药物干预的，合理使用退热药就可以了。

47

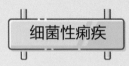

细菌性痢疾

细菌性痢疾的病原体有哪些特点？如何预防？

痢疾杆菌是细菌性痢疾的病原体，为革兰阴性、需氧、无鞭毛、无荚膜、不形成芽孢的杆菌，属肠杆菌科志贺菌属。水中可生存5~9日，食物中可生存10日，对阳光极敏感，经照射30分钟即死亡；在60C°时10分钟即死亡，在100C°即刻即可将其杀灭。在低温潮湿的地方，可生存几个月。在蔬菜、瓜果、食品及被污染的物品上可生存1~2周。

预防措施：①不吃生冷食物、不吃不洁瓜果；②勤洗手、多通风、多晒太阳；③婴儿食具勤消毒，饭前、便后洗手；④疾病高发季节，避免进出公共游乐场所。

预防手足口

手足口病高发季，预防手足口有妙招吗？

合理饮食，勤洗手，尽量避免到人员密集的公共娱乐场所。

小儿咳嗽

宝宝咳嗽，吃了镇咳药后咳嗽好转代表病情好转吗？

咳嗽是机体的保护性反射，仅仅是某个疾病的症状之一，不是疾病本身，镇咳药只是镇咳，不治疗疾病本身，过度镇咳，导致分泌物不易排出，不利于疾病恢复，宝宝咳嗽不推荐用镇咳药，可以用叩背、吸痰、雾化等物理方式来缓解。

预防感冒

如何预防普通感冒？

(1) 养成健康的生活习惯，均衡膳食、充足的睡眠、适度运动和避免被动吸烟；

(2) 普通感冒的密切接触者有被感染的可能，故要注意相对隔离；

(3) 勤洗手是减少普通感冒的有效方法；

(4) 普通感冒易发季节可戴口罩，避免去人多拥挤的公众场所；

(5) 导致普通感冒的病毒及血清型较多，且RNA病毒变异很快，迄今尚未研发出普通感冒疫苗，而流感病毒疫苗对普通感冒无效。

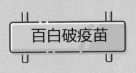

百白破疫苗

百白破是什么疾病？

百白破是百日咳、白喉及破伤风三种疾病的简称，是一种急性传染病。①百（百日咳）：是一种由百日咳鲍特杆菌引起的急性呼吸道传染病。主要通过飞沫传播，传染性极强，严重者并发肺炎和脑炎，是导致婴儿死亡的主要原因。②白（白喉）：是一种由革兰氏阳性白喉棒状杆菌所引起的急性呼吸道传染病，临床以白喉杆菌外毒素引起的中毒症状为主，是严重威胁儿童健康的传染病。③破（破伤风）：是由破伤风杆菌感染创伤部位引起的疾病。以肌肉强直及阵发性痉挛为特征的神经系统中毒症状，常常因窒息、心力衰竭死亡。

为什么宝宝要接种百白破疫苗？

因为百日咳、白喉、破伤风是一种引起严重的临床表现，甚至导致死亡的急性传染病，严重威胁宝宝的健康，而宝宝对这三种疾病普遍易感，所以需要通过接种百白破疫苗来预防这三种疾病。

宝宝接种百白破疫苗出现发热怎么办？

少数宝宝接种疫苗后会出现发热，此时新手爸妈需根据宝宝体温的情况进行处理：①体温≤37.5C°时，需加强观察宝宝的体温变化，吃些好消化的食物、多喂水。②体温>37.5C°并伴有其他全身症状时，需要及时就医，防止高热惊厥对宝宝的损伤。

宝宝接种百白破疫苗后出现红肿、硬结如何处理？

由于百白破疫苗含有氢氧化铝吸附剂，肌内注射到宝宝体内后，较易发生红肿及硬结等不良反应，并且会出现痒痛，常常需要一周左右消失。

当宝宝接种疫苗出现红肿、硬结时，首先需避免揉搓接种部位。其次，应根据红肿和硬结大小进行处理：①红肿和硬结直径<1.5cm的局部反应，不需任何处理。②红肿和硬结直径在1.5~3cm的局部反应，可用干净的毛巾先冷敷，出现硬结者可热敷。③如经处理效果不好时，建议就医。

补种百白破疫苗

宝宝错过了接种百白破疫苗的时间，要如何补种？

（1）3月~5岁：未完成百白破联合疫苗规定剂次的宝宝，需补种未完成的剂次，前3剂每剂间隔≥28天，第4剂与第3剂间隔≥6月。

（2）≥6岁：接种百白破联合疫苗和白破疫苗累计＜3剂宝宝，用白破疫苗补齐3剂；第2剂与第1剂间隔1~2个月，第3剂与第2剂间隔6~12个月。

（3）注意疫苗种类选择：3月~5岁使用百白破联合疫苗；≥6岁使用吸附白喉破伤风联合疫苗。

流感疫苗

为什么打了流感疫苗，还是会得流感？

因为流感病毒分型较多，变异较快，而疫苗是根据当年流行毒株的流感病毒研发出的，若感染了变异病毒，接种的疫苗刺激产生的抗体就不一定起到保护作用，这也就是人们常抱怨地打了流感疫苗，还是会得流感的原因。

流感疫苗什么时候接种？

每年入冬前，最好在10月底前完成免疫接种；对10月底前未接种的对象，整个流行季节都可以接种。

流感疫苗需每年接种吗？

接种流感疫苗是预防流感病毒感染及其严重并发症的最有效手段。因为流感病毒容易变异，需每年接种含当年流行毒株的流感疫苗。

流感疫苗适合哪些人群接种？

（1）推荐6月龄至59月龄儿童。

（2）≥60岁老年人、慢性病患者。

（3）医务人员。

（4）＜6月龄婴儿的家庭成员和看护人员。

（5）孕妇或准备在流感季节怀孕的女性为优先接种对象。

🐣 流感疫苗需接种几次？

(1) 首次接种流感疫苗的6月龄至8岁儿童应接种2剂次，间隔大于等于4周。
(2) 近2年内或以前接种过≥I剂次流感疫苗的儿童，建议接种I剂次。
(3) >9岁的儿童和成年人仅需接种I剂次。

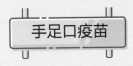

🐣 有必要接种手足口疫苗吗？

有必要。柯萨奇病毒A组16型（CV-A16）和EV71是手足口病最主要的病毒类型。EV71是神经毒性最大的病毒类型，因其引起的严重神经源性肺水肿和脑干脑炎危及生命，所以EV71疫苗的发展是各国优先考虑的健康问题。接种手足口疫苗可大大降低发生重症手足口病的风险，因此有必要接种手足口疫苗。

🐣 为什么打了手足口疫苗，孩子还会得手足口病？

手足口病最主要的病毒类型是柯萨奇病毒A组16型（CV-A16）和EV71。EV71是导致重症手足口病的罪魁祸首，常引起神经源性肺水肿和脑干脑炎危及生命，故发展EV71疫苗是各国优先考虑的问题，也是抗手足口病多价疫苗的第一步。我们通常接种的手足口疫苗是EV71灭活疫苗，主要预防重症手足口病，对CV-A16及其他型病毒引起的手足口病没有预防作用。

日常护理

🐣 婴儿期易出现哪些问题？

(1) 溢乳：15%宝宝常出现溢乳，可因过度喂养、不成熟的胃肠运动、不稳定的进食时间造成。同时宝宝胃呈水平位置，韧带松弛，易折叠；贲门括约肌松弛，幽门括约肌发育好的消化道解剖生理特点，使6个月内的宝宝常常出现胃食管返流。此外，喂养方法不当，如奶头过大、吞入气体过多时，也往往出现溢乳。

(2) 食物引入时间不当：过早引入半固体食物影响母乳铁吸收，增加食物过敏肠道感染的机会；过晚引入其他食物，错过味觉、咀嚼功能发育关键年龄，造成进食行为异常，断离母乳困难，以致宝宝营养不足。引入半固体食物时采用奶瓶喂养导致宝宝不会主动咀嚼吞咽饭菜。

（3）热能及营养素摄入不足：8~9个月的宝宝已可接受热能密度较高的成人固体食物。如经常食用热能密度低的食物，或摄入液量过多，可表现进食后不满足，体重增长不足、下降或在安睡后常于夜间醒来要求进食。婴儿后期消化功能发育较成熟，应注意逐渐增加宝宝6个月后的半固体食物热能密度比，满足生长需要。避免给宝宝过多液量而影响进食。

（4）进餐频繁：胃的排空与否和消化能力密切相关。宝宝进餐频繁（超过7~8次/日）或延迟停止夜间进食，使胃排空不足，影响宝宝食欲。安排宝宝一日6餐利于形成饥饿的生物循环。

（5）喂养困难：难以适应环境、过度敏感的宝宝常有不稳定的进食时间，表现喂养困难。

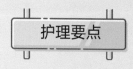

护理要点

婴儿期的护理要点是什么？

（1）母乳喂养：6个月以内宝宝提倡母乳喂养。在断奶时宝宝可能出现焦躁不安、易怒或大声啼哭等表现，应特别给予关心和爱抚。

（2）日常护理：

①皮肤护理：每天早晚应给宝宝局部擦洗，条件适宜者每日沐浴，夏季需酌情增加沐浴次数。宝宝前囟处易形成鳞状污垢或痂皮，可涂植物油，24小时后用肥皂和温水洗净。

②亲子互动：家长在给宝宝洗澡时，应更多地抚摸宝宝，与之交流、沟通，并观察宝宝的健康状况。

③穿衣护理：宝宝衣着要简单、宽松，以便于穿脱和四肢活动。衣服和尿布须用柔软、吸水性强的棉布。注意按季节增减衣服和被褥，以宝宝两足暖为适当。

④保证充足睡眠时间：宝宝夜间睡眠时间平均10~12小时，光线可稍暗，睡眠环境白天不需要过分安静。宝宝睡前应避免过分兴奋，要保持身体清洁、舒适。有固定的睡眠场所，可利用固定的乐曲催眠，不拍、不摇、不抱。

⑤睡眠姿势：宝宝睡眠时，各种体位均可，通常侧卧是较安全和舒适的。3个月前可将头部垫高，呈30度左右斜坡，以预防溢奶；侧卧时应两侧经常更换，以免面部或头部变形。

⑥出牙护理：宝宝乳牙萌出时（4~10个月），会有一些不舒服的表现，如吮手指、咬东西，严重的会烦躁不安、无法入睡和拒食等。由于宝宝会将所有能拿到的东西放入口中，家长应注意避免宝宝异物窒息的风险。

⑦充足的户外活动：家长应保证宝宝每日进行户外活动，呼吸新鲜空气和晒太阳，以增强体质和预防佝偻病。还应为宝宝提供活动的空间和机会，如洗澡时练习踢腿，俯卧时抬头，鼓励爬行和行走，做被动体操等，通过游戏促进宝宝视觉、触觉、听觉等发育。

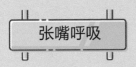
张嘴呼吸

流口水

如果宝宝喜欢张嘴呼吸，需要纠正吗？

要及时纠正。因为长期张口呼吸，气流会冲击硬腭，使之变形，久而久之面部发育会受到影响，出现上唇短厚翘起、牙齿排列不整齐、咬合不良、上切牙突出形成龅牙等口腔畸形。

小婴儿为什么会流口水？

新生儿及婴幼儿口腔黏膜薄嫩，血管丰富，唾液腺不发达，3~4个月时唾液分泌开始增加。婴儿口底浅，尚不能及时吞咽所分泌的全部唾液，因此常发生生理性流涎（流口水）。

捏脸蛋

为什么不要随意捏宝宝的脸蛋？

宝宝的脸蛋若经常被随意捏，会造成宝宝的颊脂垫、唾液腺受损，从而分泌过多口水。更严重的还会导致宝宝的左右两颊骨骼发育不对称，严重影响脸部发育。

吸吮拇指

宝宝为什么会吸吮拇指？

3~4个月后的宝宝生理上有吮吸要求，常以吸吮手指尤其是拇指来满足自己。这种行为常发生在饥饿时和睡前，多随年龄增长而消失。但有时宝宝因心理上得不到满足或精神紧张、恐惧焦急时，未获父母充分的爱护，又缺少玩具、音乐、图片等视听觉刺激，便会吸吮拇指自娱，逐渐形成习惯，直至年长时仍不能戒除。长期吮手指可影响牙齿、牙龈及下颌发育，导致下颌前突、齿列不齐，妨碍咀嚼。

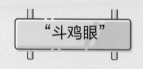

"斗鸡眼"

 为什么宝宝会有"斗鸡眼"？

三岁前的婴幼儿，由于他们的鼻梁较宽且扁平，而位于眼睛和鼻梁之间的半月状皮肤较阔大，因而遮盖了部分眼白，使眼珠看起来偏向鼻梁，即眼珠看似望向鼻梁方向，形成"假内斜视"（俗称"假斗鸡眼"），与婴幼儿面部的特征有关，只是一种错觉，不是真正斜视。

胸口有"包"

 孩子胸部与腹部有个包是怎么回事？

有的新手妈妈可能某一天给宝宝洗澡或换衣服时，发现胸与腹交界处有一鹌鹑蛋大小的包，被吓一跳，实际上是宝宝的剑突，是正常生理结构，无须担忧。

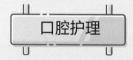

口腔护理

 如何给宝宝进行口腔护理？

 为什么要给宝宝进行口腔护理？

由于宝宝的口腔黏膜比较娇嫩，牙齿未完全长出，加之免疫功能不成熟，如果不给宝宝进行及时的口腔护理，容易导致宝宝的口腔发炎，影响宝宝进食，因此清洁宝宝的口腔，保持口腔卫生很有必要。

(1)做好准备工作：

①让宝宝采取侧卧位，用小毛巾或围嘴袋围在宝宝的颌下，避免护理时会沾湿衣物。

②准备好消毒过的棉签、淡盐水和温开水，新手爸妈先用肥皂和流动的水洗干净双手。

(2)正确护理方法：

①先用棉签蘸淡盐水或温开水，轻轻擦拭宝宝口腔内的两颊部和齿龈外面，之后再擦齿龈内面和舌部（注意：防止宝宝恶心）。

②如果宝宝不肯张口，父母可以用左手拇指、食指轻捏宝宝的两颊，使其张口。

口腔保健

温馨提示：口腔靠近鼻子方向的部位最容易藏污纳垢，也最容易被忽略。因此新手爸妈在给宝宝做口腔清洁前，要注意此处的清洁。

宝宝口腔保健需注意哪些问题？

(1) 不要给宝宝含着奶瓶睡觉，以防止奶瓶性龋齿和窒息。

(2) 避免在睡觉前给宝宝吃糖分高、黏性强的食物，防止龋齿。

(3) 建议在宝宝餐后喂少许白开水，以达到清洁口腔的目的。

(4) 培养2岁左右的宝宝自己漱口。先让宝宝含口温水在嘴里，教他们鼓动自己的双颊和唇部，再用舌头在口腔内搅动。这样既有助于将口腔内食物碎屑和软垢清除掉，又可避免病菌在口腔内繁殖。

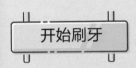
开始刷牙

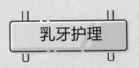
乳牙护理

什么时候可以开始给宝宝刷牙？

当宝宝长出第一颗牙时，妈妈就可以开始给宝宝刷牙了。

为什么要重视对宝宝乳牙的护理？

如果忽视对宝宝乳牙的护理，造成乳牙发育不好，则可能会引起以下不良后果，所以要重视乳牙的护理。

(1) 妨碍进食，影响宝宝生长发育：如果不对口腔进行定期清洁，口腔就会滋生细菌，形成蛀牙，引起牙齿疼痛，妨碍宝宝正常进食，从而影响宝宝的生长发育。

(2) 影响宝宝开口说话：刚出牙的宝宝，是模仿说话最主动的时期，如果牙齿不健康，则会影响宝宝的发音练习。

(3) 影响恒牙的发育：健康的乳牙，能起到打地基的作用，不仅可以帮助恒牙的正常发育，而且有利于颌骨的发育。如果乳牙发育不好，将会影响后来恒牙的发育。

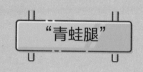

"青蛙腿"

宝宝"青蛙腿"正常吗？需要纠正吗？

宝宝在妈妈子宫里，很长时间都是蜷缩着的，因此骨盆和膝盖是弯曲的。宝宝出生后，需要几个月的时间关节才能正常伸展。如果宝宝是臀位出生，伸展关节需要的时间会更长。我们通常所说的"青蛙腿"，其实是指宝宝的关节还没有伸展开，这是很正常的现象。不能强行拉直或"捆粽子"式包裹，应该用宽松抱被包裹，保持"青蛙姿势"，这样才有利于宝宝髋关节发育。但如果宝宝出生时有马蹄内翻足，则需干预纠正。

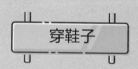

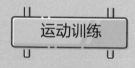

运动训练

小儿如何进行体育活动？

（1）婴儿被动操：被动操是指由成人给婴儿做四肢伸屈运动，可促进婴儿大运动的发育、改善全身血液循环，适用于2~6个月的婴儿，每日1~2次为宜。（详见第86条配图）

（2）婴儿主动操：7~12个月婴儿大运动开始发育，可训练婴儿爬坐、仰卧起身扶站扶走、双手取物等动作。

（3）幼儿体操：12~18个月幼儿学走尚不稳时，在成人的扶持下，帮助婴儿进行有节奏的活动。18个月至3岁幼儿可配合音乐，做模仿操。

穿鞋子

小宝宝是否可以穿鞋子？

宝宝在学步阶段（8月～2岁），除非考虑安全和温暖问题，否则建议不穿鞋子，这样会更好地促进宝宝足部发育。如温度不是很低，可以用地板袜代替鞋子。

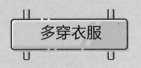

多穿衣服

 孩子穿得多就不易生病吗?

孩子代谢比较旺盛,精力也丰富,若穿得越多,不仅不利于活动,而且活动后容易出汗,出汗后容易受凉,因此穿得多并不能预防生病,应根据天气情况适当增减,合理运动才是预防疾病的有效途径。

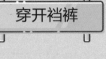

穿开裆裤

 宝宝穿开裆裤更好吗?

不建议给宝宝穿开裆裤,容易被脏东西感染引发尿路感染,治疗不及时会导致肾炎,而女宝宝则容易出现阴道炎。

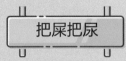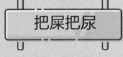

把屎把尿

 提倡帮宝宝把屎把尿吗?

目前科学育儿建议:宝宝到了一定年龄,家长应培养其自主大小便的习惯,但不提倡帮宝宝把屎把尿。

什么时候开始如厕训练

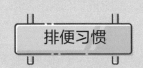

排便习惯

 需要培养宝宝的排便习惯吗?

由于东西方文化及传统的差异,家长对待宝宝大小便的训练意见各不相同。我国多数的家长习惯于及早训练宝宝大小便,而西方的家长则顺其自然。但有一点家长不用担心,宝宝用尿布不会影响宝宝控制大小便能力的培养。

几天没大便

宝宝几天没大便怎么办？

有些宝宝满月后大便的次数开始减少，有时多天没有排便，甚至长达1周，但之后排出的大便仍是软的（软硬程度小于花生酱），这亦是很常见的。若宝宝精神反应好，每天都会放屁，就继续观察。处理方法：①顺时针（脐带未脱落时避开肚脐）方向轻揉宝宝腹部，促进肠蠕动；②如果是奶粉喂养的宝宝，长期出现便秘，可尝试添加益生元或更换为水解蛋白奶粉喂养。

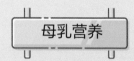

顺时针揉肚子

危险信号（需立即就医）：若宝宝持续腹胀，触摸腹部感觉坚实，有一天或一天以上没有排便，亦无放屁，或出现频繁呕吐或异常哭闹，大便带血，需尽快去医院就诊。

母乳营养

6个月后母乳就没营养吗？

答案是否定的。因为母乳的颜色和稀稠度不是判断母乳有无营养的指标。母乳对6个月以后的宝宝依然有营养，只要妈妈愿意，可以一直喂养到自然离乳。但6个月后母乳营养不能完全满足宝宝生长发育所需，尤其铁、锌、维生素等重要元素，故需及时添加辅食，从食物中得到补充。

不吃夜奶

3个月宝宝不吃夜奶正常吗？

宝宝每日液体量为150~180mL/kg,如果宝宝每日奶量充足，体重、身长、头围都增长理想，新手妈妈不用纠结是否叫醒宝宝吃夜奶。

六个月以后就没营养了

NO!

拒绝奶瓶

 宝宝拒绝奶瓶家长怎么办？

许多妈妈上班后常常会遇到宝宝不吃奶瓶的困扰，令家长十分焦虑。正确应对方法：

（1）不要在宝宝太饿的时候尝试使用奶瓶，因为宝宝学习任何新技能都需要耐心，而当宝宝特别饥饿的时候是没法有耐心去接受不喜欢的"挑战"的。

（2）喂奶瓶与喂母乳的姿势不同，需训练宝宝建立喂奶瓶的姿势习惯。较容易成功的方式是：让宝宝坐在大人怀中，面朝外，宝宝看着熟悉的环境，或者吸引他兴趣的景致，更能放松接受瓶喂。

（3）尝试奶瓶时，妈妈要暂时离开家。因为部分宝宝只要知道妈妈还在家里，无论怎样诱惑，都不会接受奶瓶。

（4）让宝宝主动含奶嘴，而不是用奶嘴撬开宝宝的嘴。在宝宝学习使用奶瓶的过程中，千万不要强迫宝宝接受。

（5）注意控制奶瓶流速。母乳喂养顺利的宝宝对奶的流速控制与妈妈喷乳反射的特点有关。

（6）让奶瓶上有宝宝熟悉的气味。可以让喂奶瓶的家人穿着妈妈的睡衣，或者把拍嗝时用的纱布巾裹在奶瓶上，让宝宝感受到熟悉的气味。

（7）尝试不同温度的奶。不同的宝宝对奶的温热程度有不同的偏好，有的喜欢凉一些，如加热的温度高了，就不肯喝。有的宝宝则喜欢喝的奶一直是温热的，如果喝了一半奶凉了，就不想要了。

（8）尝试不同的奶嘴。选择奶嘴时，并不是最贵的、别人用着好的，就是最好的，只有适合自己宝宝的才是最好的。建议选择长而直的奶嘴（常规建议，具体情况得具体灵活分析），而不是短小的，或者塑形的奶嘴。

（9）分散宝宝注意力。当宝宝能够接受奶嘴，但因为吃着不顺利而有点烦躁时，尝试在屋里溜达、和宝宝说话、唱儿歌……分散宝宝的注意力，安抚他的情绪，鼓励他继续努力。

（10）尝试迷糊奶。有过成功使用奶瓶经验的宝宝，可以尝试在刚要睡熟或者刚刚睡醒时喂，比较容易成功（温馨提示：这不要成为常态，只是解决问题的尝试）。但一定要小心控制奶瓶的流速，如果流速太快，会导致宝宝惊醒，出现强烈抗拒。

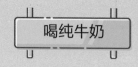

喝纯牛奶

1岁内宝宝可以喝纯牛奶吗?

1岁以内的宝宝最应该喝的是母乳,如果母乳不足,也应该喝配方奶而不是纯牛奶。纯牛奶含有高浓度的蛋白质和矿物质,不能被宝宝完全吸收,会给尚未发育成熟的肾脏带来负担。纯牛奶缺乏足够的铁和婴儿所需的其他营养素。因此不建议给1岁内的宝宝喂食纯牛奶。

牛初乳

牛初乳可以提高孩子免疫力吗?

牛初乳是小牛生后最好的食物,但不是宝宝的。牛初乳理论上有很大的好处,但临床上没有权威、有力的证据证明牛初乳有增强免疫力的作用,或许以后会有这方面临床研究。

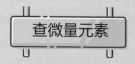

查微量元素

宝宝需要查微量元素吗?

2013年,国家卫计委(即卫健委)就已明令禁止各级各类医疗机构,针对儿童开展非诊治需要的微量元素检测。同时强调,不宜将微量元素检测作为体检等普查项目,尤其是对6个月以下婴儿;判断婴儿是否有微量元素缺乏,需结合宝宝的膳食分析、临床表现和体格检查等综合判断。盲目吃微量元素补充剂,会发生过量引起中毒,危害健康。

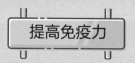

提高免疫力

有提高孩子免疫力的药吗?如何提高孩子免疫力?

大多数提高免疫力的药物都没有足够证据证明对孩子有效,人免疫丙种球蛋白除外(血液制品,且使用需要指征)。提高免疫力不是短期内实现的,需按以下方法实施:①营养全面,避免饮食单一;②适当接触病原菌,刺激孩子的免疫系统成熟,不要带得太干净;③按时接种一、二类疫苗,尤其是流感疫苗、手足口病疫苗;④坚持母乳喂养到1岁;⑤每天增加户外活动时间;⑥适当寒冷训练,如早上冷水洗脸;⑧不要滥用药物。

维生素A生理功能
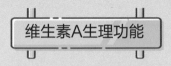

 维生素A的生理功能有哪些？

（1）维持皮肤黏膜层的完整性：维生素A是调节糖蛋白合成的一种辅酶，对上皮细胞的细胞膜起稳定作用，维持上皮细胞的形态完整和功能健全。维生素A缺乏者消化道和呼吸道感染性疾病的风险增加，且感染常迁延不愈。泌尿和生殖系统上皮细胞也有同样改变，影响其功能。

（2）构成视觉细胞内的感光物质：视网膜上对暗光敏感的杆状细胞含有感光物质视紫红质，由11-顺式视黄醛与视蛋白结合而成，为暗视觉的必需物质。必须不断地补充维生素A，才能维持视紫红质的合成和整个暗光视觉过程。

（3）促进生长发育和维护生殖功能：维生素A参与细胞的RNA、DNA合成，对细胞分化组织更新有一定影响。参与软骨内成骨，缺乏时长骨形成和牙齿发育均受障碍。维生素A缺乏时还会导致男性睾丸萎缩，精子数量减少、活力下降，也可影响胎盘发育。

（4）维持和促进免疫功能：目前已经明确，维生素A参与调控靶细胞基因的相应区域。这种对基因调控结果可以促进免疫细胞产生抗体的能力，因此影响机体的免疫功能。

预防维生素A缺乏
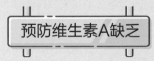

 如何预防维生素A缺乏？

注意膳食的营养平衡，经常食用富含维生素A的动物性食物和深色蔬菜，一般不会发生维生素A缺乏。婴幼儿是预防维生素A缺乏的主要对象，孕妇和乳母也应多食上述食物，以保证胎儿和新生儿有充足的维生素A。

动物类富含维生素A的食物主要有动物的肝脏、鱼类、海产品、奶油、鸡蛋等；水果类富含维生素A的有苹果、梨、香蕉、猕猴桃等；蔬菜类富含维生素A的有白菜、胡萝卜、辣椒及西红柿等；植物类富含维生素A的有大米、绿豆、黄豆、土豆等。商业上的鱼肝油丸主要成分是维生素A。

这就是为什么建议在补充维生素D的同时补充维生素A的原因。

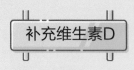

 ### 如何给宝宝补充维生素D？

推荐足月新生儿出生两周后开始补充，每天补充400IU的维生素D。纯母乳喂养的宝宝可以在母乳喂养前将滴剂定量滴入孩子口中，再喂母乳。配方奶喂养的宝宝，需提前计算每天摄入的配方奶中的维生素D含量，再计算额外的补充量。早产儿开奶后尽早补充维生素D，800~1000IU/天，三个月后改为400IU/天。

温馨提示：多晒太阳，有利于宝宝皮肤合成维生素D，但需注意避免暴晒、晒伤。建议早晨11点前、下午4点后为宜，因紫外线波长短，不能穿透玻璃，所以家长不能隔着玻璃晒，那是没用的。

宝宝需要补钙吗？骨密度检测有意义吗？

正常饮食的宝宝，奶、豆、肉、虾等食物含钙丰富，饮食多样化，不易缺钙，常常是"被缺钙"，而实际上并不缺。只需补充维生素D和充足的日晒促进钙吸收即可。盲目地补钙易造成便秘和加重肾负担。骨密度受营养、运动状况的影响较大，市面上的骨密度监测是基于成人研究用于儿童的，缺乏儿童自己的参考标准，故骨密度监测对于婴幼儿无意义，婴幼儿骨密度低，说明宝宝在长个儿。

孩子6月龄后为什么爱生病？

这与孩子的免疫系统成熟有关。孩子的生长发育是分系统的，免疫系统发育成熟较晚。宝宝刚出生时，自身抗体水平很低，其中IgG抗体完全来自母亲，这些抗体大约在满月时减半，大约在9个月时完全消失，宝宝3个月时自身抗体开始明显增加，1岁时也才达到成人60%，6个月后，母亲开始上班，宝宝活动范围大，接触的病原菌增加，抗体水平较成人偏低，故容易生病。

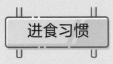

进食习惯

 如何培养宝宝的进食习惯？

（1）定时添加辅食，按照添加辅食的原则逐渐添加。

（2）进食量应根据宝宝自愿的原则，千万不要强行喂食，以免使宝宝产生厌食情绪。

（3）逐步培养宝宝定时、定位（位置）及自己用餐的习惯。

（4）培养宝宝不偏食、不挑食、不吃零食的习惯。

（5）培养宝宝进食卫生习惯，饭前洗手。

（6）培养宝宝文明用餐的好习惯。

添加辅食时机

 宝宝添加辅食的时机？

宝宝满6月龄时，胃肠道等消化器官已相对发育完善，可消化母乳以外的多样化食物。同时，宝宝的口腔运动功能，味觉、嗅觉、触觉等感知觉，以及心理、认知和行为能力也已准备好接受新的食物。此时开始添加辅食，不仅能满足宝宝的营养需求，也能满足其心理需求，并促进其感知觉、心理及认知和行为能力的发展。但每个宝宝有个体差异，6月龄也不是绝对的，有以下表现时，可以尝试给宝宝添加辅食：①有吃的欲望，看着大人吃饭时，有舔嘴表现；②头部能竖稳；③吞咽协调；④体重达6kg。

添加辅食原因

 6月以上的宝宝为何需要添加辅食？

因为能满足宝宝的营养需求，还能满足其心理需求，促进感知觉、心理及认知和行为能力的发展。

（1）尽管母乳可以为6月以上的宝宝提供部分能量、优质蛋白质重要营养素，但是母乳已不能完全满足6月以上宝宝生长发育的营养需求。

（2）6月以上的宝宝胃肠道等消化器官已相对发育完善，可消化母乳以外的多样化食物。

（3）6月以上的宝宝的口腔运动功能，味觉、触觉等感知觉，以及心理、认知和行为能力已准备好接受新的食物。

（4）可以帮助宝宝在6月~2岁期间适应各种食物的味道，避免出现偏食和挑食。

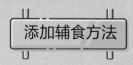

添加辅食方法

如何正确添加辅食？

（1）由于7～12月的宝宝所需的能量约1/3～1/2来自辅食，13～24月的宝宝所需的能量约1/2～2/3的能量来自辅食，加之母乳中铁的含量非常少，婴幼儿所需的99%的铁来自辅食，因此宝宝最先添加的辅食是富含铁的高能量食物，如强化铁的婴儿米粉、肉泥等。在此基础上逐渐引入其他不同种类的食物以提供不同的营养素。

（2）婴幼儿辅食的添加要遵循以下原则：每次只添加一种新食物，由少到多、由稀到稠、由细到粗，循序渐进。例如，从一种富铁泥糊状食物开始，如强化铁的婴儿米粉、肉泥等，逐渐增加食物种类，慢慢过渡到半固体或固体食物，如烂面、肉末、碎菜、水果粒等，并在辅食制作过程中适量添加植物油；

（3）每引入一种新的食物要让孩子适应2～3天，如果没有不舒服再添加另一种新的食物。如果孩子出现有呕吐、腹泻、皮疹等不适应的表现，则要暂时停喂新食物或者就医诊治。

添加辅食原则

宝宝添加辅食的原则是什么？

辅食添加遵循由少到多、由稀到稠、由细到粗、由一种到多种的原则。添加辅食应根据宝宝的消化情况而定，宝宝反应良好，大便正常，再增加量、次数或改变种类。如果发现大便异常而不能用其他原因解释的，应暂时停止添加新食物。在天气炎热时也应暂缓，不能急于求成。

添加辅食顺序

宝宝添加辅食的顺序是什么？

（1）足月儿出生15日（早产儿出生1周）：可给浓缩鱼肝油滴剂或维生素D制剂。

（2）4~6个月：可添加米糊、奶糕、稀粥、蛋黄、鱼泥、菜泥等以补充热能，锻炼小儿从流质过渡到半流质食物。

（3）7~9个月：可添加粥、面条、碎菜、蛋、肝泥、肉末、豆腐、饼干、馒头片、熟土豆等以补充足够的热能、蛋白质类等，并由半流质过渡到固体食物。

（4）10~12个月：可吃软饭、挂面、带馅食品、碎肉等，直至断奶。

添加辅食不耐受

 **宝宝添加辅食时出现食物不耐受该怎么办?**

宝宝添加某种食物后，出现呕吐、腹泻、湿疹等症状，属于典型的食物蛋白过敏，一般不考虑消化不良，需立即停喂。同时到医院就诊，一旦确定宝宝对某种食物过敏，需对该食物回避3~4个月。

自制米粉

宝宝吃自制的米粉会更健康吗?

宝宝第一口辅食最好是强化铁的婴儿营养米粉，其营养价值远超过蛋黄或者蔬菜泥等单一食物，市售婴儿米粉为铁强化米粉，比自制的更营养、更有益。建议尽量选择规模较大、产品质量和服务质量较好的品牌企业的产品（至于选择哪个牌子，根据自己经济条件，对比各个品牌特点购买）。

喝果汁代替补水

 可以给宝宝喝果汁补水吗?

不建议家长把果汁代替清水。因果汁含有较高糖分、较少纤维，如果宝宝自小习惯喝甜味饮品，自然会不愿意喝水，同时还会增加宝宝患蛀牙和今后肥胖的风险。

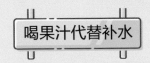

菜水代替菜泥

煮菜水可以代替菜泥吗?

蔬菜表面的化肥、农药会溶于水内，并且维生素及纤维素溶于水的少之又少，所以煮菜水不能代替菜泥，蔬菜泥更适合宝宝。

奶瓶喂辅食

可以用奶瓶给宝宝喂辅食吗?

不建议用奶瓶喂养辅食。奶瓶喂养是吸吮和吞咽的过程，而碗和勺有助于锻炼宝宝的咀嚼和吞咽能力，利于宝宝顺利从半流质过渡到固体食物。

婴儿

辅食添加

初添水果

给宝宝初添水果,有什么建议吗?

给宝宝初添水果,避免选择过甜或者过酸的水果,因味道过重,会引起宝宝厌奶和厌食。

加盐、加糖

可以给宝宝加盐、加糖吗?

1周岁以内的宝宝辅食不需要加盐和糖。健康正常奶量的宝宝,奶里含的钠即可满足宝宝所需,额外添加盐会增加宝宝肾脏负担;而糖分过多易引发龋齿,或导致宝宝喜食甜食,从而增加肥胖风险,应尽量少吃。

安全防护

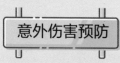

意外伤害预防

 如何预防小儿意外伤害?

(1) 避免窒息与异物吸入:3个月以内的婴儿应注意防止因被褥、母亲的身体、吐出的奶液等造成的窒息;较大婴幼儿应防止食物、果核、果冻、纽扣、硬币等异物吸入气管。

(2) 防止中毒:保证小儿食物的清洁卫生,防止食物在制作、储备、出售过程中处理不当所致的细菌性食物中毒。避免食用有毒的食物,如毒蘑菇、含氰果仁(苦杏仁、桃仁、李仁等)、白果仁(白果二酸)、河豚、鱼苦胆等。药物应放置小儿拿不到的地方;小儿内用药、外用药应分开放置,防止误服外用药造成的伤害。

(3) 预防外伤:婴幼儿居室的窗户楼梯、阳台、睡床等都应置有栏杆,防止从高处跌落。妥善放置开水、高温的油和汤等,以免造成烫伤。教育小儿不可随意玩火柴、煤气等危险物品。室内电器、电源应有防止触电的安全装置。

(4) 避免溺水与交通事故:教育小儿不可独自或与小朋友去无安全措施的池塘、江河玩水。教育小儿遵守交通规则。

(5) 教会孩子自救:如家中发生火灾拨打119,遭受外来人的侵犯拨打110,意外伤害急救拨打120电话。

常见气管异物

小儿气管异物常见于哪些情况?

(1) 婴幼儿牙齿发育不全,无法将硬食物(如花生、豆类、瓜子等)嚼碎,且喉的保护性反射功能又不健全,当进食此类食物时,若嬉笑、哭闹、跌倒易将食物吸入气管,这是气管、支气管异物最常见原因之一。

(2) 小儿口含玩物(塑料笔帽、小橡皮盖等)玩耍,成人口含物品(针、钉)作业,尤其是仰头作业时,突然说话、哭笑、不慎跌倒可将异物吸入气管、支气管。用力吸食滑润的食物(果冻、海螺)也可落入气管。

气管异物预防

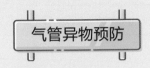

如何预防小儿气管异物?

(1) 避免给5岁以下小儿吃整颗的花生、瓜子、豆类食物和放入口、鼻内的小玩具。

(2) 进食时不要嬉笑、哭闹、打骂,以免深吸气时将异物误吸入气道。

(3) 教育小儿不要口含物玩耍,如发现,应婉言劝说,使其吐出,不能用手指强行掏取,以免引起孩子哭闹吸入气道。

气管异物清除

(建议每一位读者自行搜索"汉姆立克急救法"视频学习,该法为每一位家长应具备的小儿急救必备技能!)

出现异物呛入气管应如何尽快清除异物?

(1) 倒立拍背法:对于婴幼儿,可立即倒提其两腿,头向下垂,同时轻拍其背部。这样可以通过异物的自身重力和呛咳时胸腔内气体的冲力,迫使异物向外咳出。

(2) 推压腹部法:可让患儿坐着或站着,救助者站其身后,用两手臂抱住患儿,一手握拳,大拇指向内放在患儿的脐与剑突之间,用另一手掌压住拳头,有节奏地使劲向上向内推压,以促使横膈抬起,压迫肺底让肺内产生一股强大的气流,使之从气管内向外冲出,逼使异物随气流直达口腔,将其排除。

1岁以上

1岁以内

67

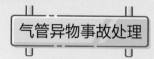

气管异物事故处理

＊（建议每一位读者自行搜索"小儿心肺复苏"视频学习，该法为每一位家长应具备的急救必备技能！）

发生小儿气管异物时该如何处理？

发生小儿气管异物时该如何处理？

（1）及早识别小儿呼吸道异物阻塞，边急救，边向120呼救。

（2）如果小儿尚能说话哭叫、咳嗽、能配合，应鼓励其用力咳嗽，试图咳出异物。

（3）拍背和胸、腹部推击法反复进行，直到排出异物或急救人员到达。

（4）检查口腔有无排出的异物，设法取出。

（5）呼吸停止者，立即用胸外按压、口对口（鼻）人工呼吸进行急救。

（6）落入呼吸道深处的异物，需尽快将幼儿送到有耳鼻喉专科的医院，用手术器械取出异物。

中毒预防

如何预防小儿中毒？

（1）管好常用药品：药品用量、用法或存放不当是造成药物中毒的主要原因。家长切勿擅自给小儿用药，更不可把成人药随便给小儿吃。不要将外用药物装入内服药瓶中。家庭中一切药品皆应妥善存放，不能让孩子随便拿到。

（2）管好剧毒药品：农村或家庭日常用的灭虫、灭蚊、灭鼠等剧毒药品，一定要妥善处理，避免小儿接触误服。

使劲摇晃婴儿

宝宝哭闹时，抱着使劲摇晃有危害吗？

1周岁内的宝宝禁止摇晃，会引起发育不成熟的脑髓受到伤害，严重时可致颅内出血、脑震荡等。

婴儿致命的危机

向上抛接　　　　圆圈旋转

（×）

摇晃婴儿综合征

预防"摇晃婴儿综合征"的10个不

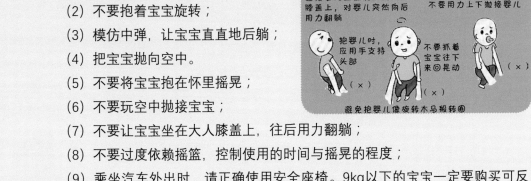

预防婴儿摇晃症

避免婴儿坐在肩上或大人膝盖上，对婴儿突然向后用力翻躺（×）

不要用力上下抛接婴儿（×）

抱婴儿时，应用手支持头部（×）

不要抓着宝宝往下来回晃动（×）

避免抱婴儿像旋转木马般转圈

(1) 直接把宝宝扔到床上；

(2) 不要抱着宝宝旋转；

(3) 模仿中弹，让宝宝直直地后躺；

(4) 把宝宝抛向空中。

(5) 不要将宝宝抱在怀里摇晃；

(6) 不要玩空中抛接宝宝；

(7) 不要让宝宝坐在大人膝盖上，往后用力翻躺；

(8) 不要过度依赖摇篮，控制使用的时间与摇晃的程度；

(9) 乘坐汽车外出时，请正确使用安全座椅。9kg以下的宝宝一定要购买可反向安装的座椅，这样才可保护好宝宝的头颈，避免刹车时对小宝宝的强大冲力。

高处摔下应对

孩子从高处摔下后需如何观察？

(1) 先观察孩子的姿势、哭声及眼神交流，判断可能受伤部位及意识。

(2) 再观察孩子的反应，大致观察有无伤到大脑、骨头、脊柱等重要部位。

(3) 最后看有无出血、血肿及精神状态，如出现嗜睡、频繁呕吐、异常烦躁，应及时就医。

孩子碰到头

孩子碰到头需要进行CT检查吗？

轻微头部撞伤不需进行CT检查；如有以下情况需就医，医生评估后决定是否检查：

(1) 高度超过0.9米；

(2) 精神状态异常；

(3) 血肿超过3cm；

(4) 超过5秒的意识丧失；

(5) 摸到颅骨凹陷；

(6) 眼眶发黑，耳朵漏液或血；

(7) 日常照料者发现患儿与日常有变化；

(8) 与哭闹无关的剧烈呕吐；

(9) 能表述的孩子自述头痛。

X线、CT检查会增加孩子肿瘤的风险吗?

辐射是的确存在的,普通X线致癌风险较小,CT辐射量较大,是普通X线的100~400倍,有增加致癌风险,但肿瘤的发生是遗传与环境综合作用的结果,需客观对待。不建议孩子常规做CT检查。

孩子进行头颅核磁共振检查有辐射吗?

头颅核磁听起来有一个"核"字,令很多家长紧张,担心是否有辐射。其实核磁共振是利用氢质子原理成像,没有辐射,是非常安全的检查。

其 他

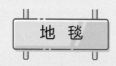

地 毯

有宝宝的家庭适合用地毯吗?

国外统计,使用地毯的家庭,其孩子得过敏性哮喘是不用家庭孩子的2~3倍,罪魁是尘螨,所以不建议使用地毯,如果有也要经常进行清洁除螨。

空 调

使用空调的注意事项有哪些?

夏天太热或冬天太冷必须使用空调时,请注意空气滤网的定期更换和清洁,每隔两个小时开窗通风,以保持室内空气清洁和新鲜。

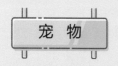

宠 物

 ## 有宝宝的家庭可以养宠物吗?

应该视宝宝的情况而定。如果宝宝没有过敏情况,家里可以养宠物。美国有研究表明,从小和宠物一起长大的宝宝,发生过敏和哮喘的概率更低。这与宝宝从小接触动物皮毛等过敏源,导致的免疫耐受有关。

温馨提示:照顾宝宝是一件非常辛苦的事,如果家庭成员已经十分疲惫,没有精力再照顾宠物,建议最好不要养宠物。

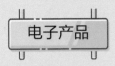

电子产品

玩具

宝宝可以玩电子产品吗？

二周岁前的宝宝最好不要看手机、平板电脑、电子产品，不利于宝宝视力、沟通能力、语言能力的发育。

两岁以下禁止看电视，3~4岁每周看电视总时间不能超过30分钟，每次看的时间以分钟计算。因为孩子的眼睛在4岁前是形成期，极容易受伤害，而且这种危害是不可逆的，无法修复。

爸爸妈妈应该经常和宝宝说话代替玩电子产品或看电视，有益于亲子交流，也有益于宝宝以后的语言发展。

宝宝玩具越多越好吗？

没有智能启发作用的玩具可以不买，而类似积木或者七巧板的玩具，宝宝可以不断从中得到变化的玩具，可以适当购买。

一次只拿一个玩具，不玩了收起来再换一个，这样可以有效提高孩子的专注力。

学步车

家人生病

宝宝使用学步车有哪些危害？

外来品如婴儿餐桌椅、婴儿背带是好东西，但学步车对孩子却是不好的，孩子最好不使用学步车。不具备走路的能力，使用学步车强行开始走路可能导致内八字或腿部变形。

家里有人生病时宝宝需要隔离吗？

应根据疾病的性质而定：①如果不是通过接触传播的传染性疾病，那么宝宝不需要隔离。②如果是通过接触传播的传染性疾病（如流感），疾病初期宝宝需要隔离。妈妈可以把母乳吸出来让家人代喂。待妈妈症状消失后，建议戴口罩，洗净手、脸后再和宝宝接触。

幼儿期

(1~3岁)

过敏性鼻炎

儿童过敏性鼻炎有哪些表现?

主要表现为鼻痒、鼻塞、喷嚏,流水样清涕等症状,常在多因季节交替、遇过敏源而发作有时抱个毛绒玩具不停咳嗽,习惯的揉鼻子、揉眼睛,大大的黑眼圈,夜里打呼噜,甚至有的孩子经常流鼻血,在排除血液系统疾病后,应注意过敏性鼻炎。

咬指甲癖

如何对待小儿咬指甲癖?

咬指甲癖的形成过程与吮拇指癖相似,也系情绪紧张、感情需求得不到满足而产生的不良行为,多见于学龄前期和学龄期小儿。对这类孩子要多加爱护和关心,消除其抑郁孤独心理;当其吮拇指或咬指甲时应将其注意力分散到其他事物上,如给予玩具等方式转移注意力,鼓励小儿建立改正坏习惯的信心,切勿打骂讽刺,使之产生自卑心理。在手指上涂抹苦药等方法也往往起不到好的效果。

口 臭

孩子为啥老是口臭?

除了消化不良,口腔卫生未做好,扁桃体结石需警惕。

夜惊

 夜惊和梦游是怎么回事?

夜惊是指孩子入睡后突然从深睡中醒来,惊慌失措、大声哭闹伴心动过速、呼吸急促等,持续数秒至数分,完全不能安抚。

梦游是指孩子入睡后突然坐立起床,表情淡漠、双目失神、觉醒和反应水平降低,随后出现一些稍复杂似有目的的反复行动,持续数分至30分钟,又自行返床入睡。

夜惊常伴发梦游,二者事后均不能回忆。有研究认为系孩子发育成熟过程中的某些因素所致,原因与不良的家庭教育方式、家庭环境、出生异常等使大脑皮层发育延迟,从而扰乱正常的睡眠节律,导致电生理改变,出现脑电异常;随年龄增长,大脑发育的成熟,可自行消失。

温馨提示:孩子睡前家长不要让孩子过度兴奋或难过,避免看恐怖画面,家长只需在孩子发生夜惊或梦游时看护好孩子,避免孩子伤害到自己就可。注意不要试图唤醒孩子,如果孩子醒了,给予拥抱或安慰即可。如果发作太频繁,可以前往医院寻求医生的指导。

营养与膳食安排

 **幼儿如何进行营养与膳食安排?**

1~3岁幼儿生长发育较快,乳牙逐渐出齐,咀嚼及消化能力也逐渐成熟,加之活动量增大,所以应供给足够的热能和优质蛋白质。①每日蛋白质供能占总热能的12%~15%,脂肪占25%~35%,碳水化合物占50%~60%。②采用粗细粮搭配,荤素都有,如鱼、肉、蛋、豆制品、蔬菜、水果等。③一日三餐加上午、下午点心各1次为宜,中间相隔3~4个小时,最好每日给予200~500 mL牛奶或豆浆。④注意碎、细、软、烂,以适应宝宝较弱的咀嚼和消化能力。⑤少吃油炸质硬的食物,避免吃豆粒、花生、瓜子等,以防呛入气管而引起窒息。

矮身材

 小儿矮身材常见的原因是什么？

　　矮身材即小儿身高（长）低于同龄正常小儿身高（长）平均数减2个标准差（或第3百分位）。矮身材的原因较复杂：①受父母身材矮小的影响或由于宫内营养不良所致；②某些内分泌疾病（如生长激素缺乏症、甲状腺功能减退症等）以及遗传性疾病（如唐氏综合征、Turner综合征、黏多糖病、糖原累积症等）都可导致矮身材；③常见原因是长期喂养不当、慢性疾病以及严重畸形所致的重症营养不良。医师在生长监测中须随访身高（长），尽早发现矮身材，并分析原因早期干预，不让孩子在可以长高的年龄留下终生遗憾。

安全防护

安全隐患

孩子看护过程中可能存在的安全隐患有哪些？

（1）不管去哪里，不让孩子离开视线，哪怕是小区内或家门口；

（2）远离垃圾人，别逞强，别起冲突；

（3）不要带孩子去拥挤的场所，避免拥挤踩踏；

（4）避免接触生病的人或常年咳嗽的人；

（5）开车带孩子，需配备儿童安全椅；

（6）别把孩子单独留在车内，哪怕是几分钟也不行；

（7）不要让孩子玩鞭炮；

（8）不要让孩子玩气球，劣质气球随时有炸的风险；

（9）外出吃饭，宝宝远离上菜口，避免烫伤；

（10）不要给孩子吃补品；

（11）不要当着孩子抽烟。

预防幼儿触电日常生活需注意什么?

（1）孩子由于好奇或无知，常常会玩弄电灯插头、插座、电线或其他电器；遇到电线断落时也不知躲避，甚至用手触摸，这些均增加触电的风险。

（2）避免插座安装过低：孩子好奇心较强，如室内电器插座安装过低，易被孩子触摸到或用手指、钥匙、硬币、金属别针等掏挖，引起触电。

（3）避免误触高空电线：当孩子在攀登屋顶或树上捉鸟、玩耍时，易误触高空电线，引起电击伤。

（4）无防护设备时不要去牵拉触电的亲人或伙伴，容易造成自己触电。

（5）不要在大树下避雨：下雨时为避免衣服淋湿，通常孩子会选择在大树下避雨或玩耍，殊不知，一旦打雷，很容易触电。

孩子烫伤家长应如何处理?

（1）迅速脱掉衣物，减少继续烧烫伤；

（2）立即用冷水冲或泡，减少热量对身体的进一步伤害，降低疼痛感觉；

（3）盖上纱布或保鲜膜，避免感染刺激，并送到医院进一步处理。

孩子误吃了干燥剂该如何处理?

（1）首先搞清楚孩子误吃的干燥剂是什么成分。如误吃的是硅胶干燥剂、纳米干燥剂、活性矿物干燥剂、黏土干燥剂、纤维干燥剂，一般来说，对人体没有毒性，误食后无须做特殊处理。

（2）如果误食后出现头晕、呕吐等特殊反应，需立即就医。

（3）如果误食了主要成分为生石灰的干燥剂，容易引起食道烧伤或者胃溃疡，应立即喝水或牛奶进行稀释，但也不宜喝过多的水，以免造成呕吐从而再次灼伤食道。（注意：不要食用任何酸性物质，以免发生中和反应，释放出热量加重损伤）。

温馨提示：避免孩子误吃才是关键。

抽血打针

 应该如何引导孩子抽血打针？

平时不要威胁孩子"你不听话，医生给你打针"，这样孩子会认为打针是惩罚；父母可以在平时带孩子去打疫苗、抽血检查或者接受药物注射的之前，事先用简单而且直接的方式告诉孩子接下来会发生什么，比方说，父母可以提前半个小时这样告诉孩子：

等一下妈妈要带你去打疫苗了。医生会用一根细细的针扎你的胳膊，一开始会有一点点疼，但是很快就不疼了。

完了之后医生会给你一个小棉签压着伤口。不要欺骗孩子说打针"不疼"，毕竟孩子并不傻，让孩子知道会疼，让他们有一定的心理准备，反而可能会觉得没有那么疼，特别是当父母在路上不断地重复告知，可以告诉孩子，要是疼，想哭就哭出来，让孩子在内心中对接下来发生的事情有所心理准备，对接下来发生的事情就不那么恐惧了。

不会分享

 孩子不会分享是自私的表现吗？父母应该如何引导？

4~5岁前的孩子，没有成熟的心智支配分享意识，即便学会"分享"，也是按照父母的指示完成的，并不是发自内心的分享，最多是选择性分享，因此，孩子不会分享不是自私的表现。父母在指导时可参考：①培养孩子的物权意识：告诉孩子玩具是他的，要自己保管，手提包是妈妈的，妈妈出门要用，不要乱翻；

②培养孩子的心智理论：让孩子认识到自己的情绪，阅读分享相关的绘本，玩扮演分享的游戏；

③家长以身示范；

④让孩子学会轮流和等待：亲子阅读时让宝宝轮流翻页，让孩子知道什么是轮流和等待。

⑤提前准备：客人来之前，与孩子沟通，让其把不能分享的玩具收起来，不收的就是可以分享的；

⑥家长及时鼓励孩子的进步；

⑦及时处理冲突，不评论：父母应中立，鼓励孩子轮流或用其他玩具交换。

爱打人

 孩子为什么爱打人?

很多妈妈可能深有体会,孩子1岁后打人、抓别人的脸、扔东西等反常行为就显现出来了,其实这些反常行为意味着孩子的不同需求,如咬人缓解牙疼,抢东西是因为饿了,推人可能因为被挤着了,打人可能只是发泄对于看护人无法满足自己需求的不满。

偷东西

 为什么孩子会偷东西?

孩子的"偷窃"行为在某种程度上代表着其内在精神世界的一种感受与需求,如摆脱存在性焦虑的渴望、满足自我角色的认同等。因此了解孩子行为的真正意图,才可能真正地转化或矫正其行为。另一方面,先从孩子所接触到的实际社会进行分析,反思它们是否受家庭背景、人际关系、道德品质、心理特征等。处理建议:与孩子交流,了解孩子的需求;给予孩子适当可以自由支配的钱;了解朋友的人际关系,是否是模仿别人或满足好奇。为孩子提供恰当的支持和帮助。不推荐暴力惩罚孩子,也许暴力也能制止,但孩子受的伤害也是显而易见。

青少年期

 ## 口 吃

孩子口吃家长怎么办？

口吃是3~5岁孩子常见的语言流畅障碍，家长应对口吃有正确的认识，切记过度紧张、焦虑。首先，切忌对口吃孩子进行惩罚，应建立和谐的家庭氛围。家长需多抽时间陪孩子阅读、放松。与口吃孩子交流时，要认真倾听，适时鼓励、表扬。口吃初期通过家庭合理治疗，大部分孩子可以治愈。其次，家长不应过度关注孩子的口吃，更不应当着孩子的面讨论此事。避免使用语言和行为暗示，如"再说一遍""好好说话""怎么这样说话？"，甚至打骂孩子，这样会加重孩子紧张、焦虑，从而加重口吃。最后，若孩子口吃不能自行纠正，需积极寻求语言康复师帮助及指导，尽早纠正口吃，减少孩子因口吃造成的自闭、羞耻、困难、挫折、恐惧等不良情绪。

营养护理

 ## 小儿遗尿症

 ### 小儿遗尿症有哪些特点？

正常幼儿在2~3岁时已能控制排尿，如在5岁后仍发生随意排尿即为遗尿症，因大多数发生在夜间熟睡时，又称夜间遗尿症。遗尿症分为原发性和继发性两类。

（1）原发性遗尿症：较多见于无器质性病变的男孩，常有家族史，多因控制排尿的能力迟滞所致。多发生在夜间，偶见白天午睡时。自每周1~2次至每夜1次、甚至一夜数次不等。健康状况欠佳、疲倦、过度兴奋紧张、情绪波动等都可使症状加重，有时会自动减轻或消失，亦可复发。

约50%患儿可于3~4年内发作次数逐渐减少而自愈，有一部分患儿持续遗尿直至青春期，往往造成严重的心理负担，影响正常生活与学习。

（2）继发性遗尿症：大多由于全身性或泌尿系统疾病，如糖尿病、尿崩症、泌尿道畸形、感染，尤其是膀胱炎、尿道炎、会阴部炎症等引起。常在处理原发疾病后症状即可消失。

遗尿症患儿必须首先排除引起继发性遗尿的全身或局部疾病。原发性遗尿症的治疗首先要取得家长和患儿的合作。医师应指导家长安排适宜的生活制度和坚持排尿训练，绝对不能在小儿发生遗尿时加以责骂、讽刺、处罚等，否则会加重患儿心理负担。必要时应在医师指导下进行药物干预。

营养与膳食安排

学龄前小儿如何进行营养与膳食安排？

4~7岁小儿生长发育趋于稳定发展，活动量较前更多，其膳食已基本接近成人。一日三餐加一次午后点心为宜。注意饮食花色品种多样化，重视营养素平衡，米、面粗细粮交替，不宜多吃坚硬、油炸和刺激性食物，少吃零食和甜食。谷类食物已成为主食。

白色糠疹

宝宝脸上的白斑是什么？

有些宝宝脸上可见一个或多个圆形白斑，初为红色或粉红色，以后渐变成淡白色，表面有一层细小鳞屑，不高于皮肤，多为白色糠疹。

白色糠疹常见于学龄期儿童，常多发或单发于面部，病因不明确。

可自然痊愈，时间长短不一，通常不会持续到成年，消退后也不留痕迹。但如果宝宝的症状较明显，建议在医生指导下使用药物治疗。

儿童肥胖症

儿童肥胖症的病因有哪些？

（1）热卡摄入过多：是本病的主要原因，摄入超过机体代谢需要的过多热卡，会以脂肪的形式贮存于体内而导致肥胖。

（2）小儿活动过少：活动少导致热能消耗减少，易导致肥胖。

（3）遗传因素：研究证明，肥胖症有高度遗传性。肥胖双亲的子女肥胖发生率为70%~80%，而正常双亲的后代发生率为14%左右。

（4）精神因素：精神创伤和心理异常也可导致肥胖。

（5）其他因素：内分泌系统、中枢神经系统疾病以及长期服用糖皮质激素等因素引起的肥胖称为继发性肥胖。

儿童肥胖危害

肥胖对儿童有什么危害？

超重肥胖的学龄儿童，你以为只有影响心理健康、影响外形那么简单吗？NO，超重肥胖的孩子高血压、高血糖、血脂异常和代谢综合征的比例明显高于正常体重的儿童。2010年全国学生体质与健康调研数据显示，男、女肥胖儿童发生高血压的风险分别为正常体重儿童的4.1倍和4.0倍。学龄期儿童超重肥胖易延续至成年期，增加成年期慢性病的风险。

营养护理

营养与健康

儿童每日三餐与健康的关系？

三餐合理（荤素搭配，食物多样化，定时就餐）、吃好早餐有助于学龄儿童健康，相反，三餐进食速度过快、不吃早餐或常吃快餐，会影响认知能力，增加发生超重肥胖的危险。不能保证合理一日三餐，不仅影响学龄儿童能量和营养素的摄入，还容易发生超重肥胖，并诱发胃炎、胆结石等消化系统疾病。

营养与膳食安排

学龄儿童如何进行营养与膳食安排？

学龄儿童食物种类同成人，内含足够蛋白质（主要为动物蛋白），以增强理解力和记忆力。①早餐：要保证高营养价值，最好喝一杯牛奶或豆浆，吃一些蛋或肉，以满足上午学习集中、脑力消耗及体力活动量大的需求。②食品：应注意花色品种多，有米、面类主食，又有含优质蛋白质的鱼、蛋、豆类，增加绿叶蔬菜和新鲜水果。③提倡课间加餐。④培养良好的饮食习惯，不偏食不挑食、少吃零食，注意饮食卫生。

儿童饮酒

 儿童饮酒有哪些危害？

由于儿童各脏器发育尚未成熟，对酒精的耐受力低，容易发生酒精中毒及脏器功能损害。儿童大脑结构和功能仍处于发育阶段，酒精摄入可导致神经发育受阻，波及认知和行为，导致学习能力下降。饮酒还会导致学龄儿童产生暴力或者攻击他人的行为。

心理引导

青春期综合征

 青春期综合征的表现有哪些？

（1）脑神经功能失衡：记忆力下降，注意力涣散，上课听不进，思维迟钝，意识模糊，学习成绩下降；白天精神萎靡，上课易瞌睡，大脑昏沉；夜晚大脑兴奋，浮想联翩，难以入眠，乱梦纷纭，醒后大脑特别疲乏，提不起精神。

（2）性神经功能失衡：性冲动频繁，形成不良性习惯过度手淫，并且难以用毅力克服，由于频繁手淫、卫生不洁使生殖器出现红、肿、痒、臭等炎症，甚至性器官发育不良。

（3）心理功能失衡：由于上述种种生理失衡症状困扰着青少年，造成青少年心理失衡，表现为心理状态欠佳、自卑自责、忧虑抑郁、烦躁消极敏感多疑、缺乏学习兴趣、冷漠忧伤、恐惧、自暴自弃、厌学、逃学、离家出走，甚至自虐、轻生。

 青春期抑郁症

 青春期抑郁症的表现有哪些？

（1）自暴自弃：自责，自怨自艾；认为自己笨拙、愚蠢丑陋和无价值。

（2）多动：男性多见，表面淡漠，但内心孤独和空虚。有的则用多动、挑衅斗殴、逃学、破坏公物等方式发泄情感郁闷。

（3）冷漠：整天心情不畅、郁郁寡欢，感觉周围一切都是灰暗的。

各种类型的抑郁症均有轻重程度不同。青春期轻者占大多数，严重的抑郁症对身心健康的影响明显，对学习毫无热情，注意力不能集中，学习成绩急剧下降；对前途和未来悲观失望，有轻生念头；人际关系差，对病无自知力，不愿求治。重度患者若无积极治疗，常导致严重后果。所以防治青春期抑郁症是青少年保健工作的重点内容。

 青少年自杀

 青少年自杀的原因有哪些？

（1）遗传因素：有自杀行为的青少年有时会有家族自杀行为倾向，其父母往往有自杀企图的历史。单卵双生子有一个自杀的，发生双生同胞自杀的可能性增大。

（2）心理障碍：精神疾患如抑郁症、边缘人格、攻击性行为等与青少年自杀有密切关系。

（3）环境因素：父母不和睦、有不良行为，亲子关系紧张可使青少年产生自杀。学校课程负担重、考试失败是近年来自杀的重要因素。其他如失恋、性行为问题、物质滥用等与自杀也有密切关系。

成长日记

参考文献

1.邵肖梅，叶鸿瑁，丘小汕.实用新生儿学.第4版.北京：人民卫生出版社，1990：188-216.

2.杨杰，陈超.新生儿保健学.北京：人民卫生出版社，2017：47-58.

3.李杨，彭文涛，张欣.实用早产儿护理学.北京：人民卫生出版社，2015：102-148.

4.中华预防医学会儿童保健分会.中国儿童钙营养专家共识（2019版），中国妇幼健康研究,2019,30（3）：262-268.

5.《中华儿科杂志》编辑委员会，中华医学会儿科学分会儿童保健学组.婴幼儿喂养建议[J]. 中华儿科杂志，2016，54(1)：13-15.

6.马冠生.学龄儿童膳食指南.中国学校卫生，2016,37（7）：961-963.

7.韩红林.儿童口吃初期的家庭指导.中国实用医药，201,7(34):268-269.

8.尹蓉，李国良，姜海燕，郭五英.41例儿童夜惊梦游的动态脑电图结果分析.中国当代儿科杂志,2001,3(1):59-60.

9.鲁晓霞，王浩春. 急性误服洗衣液中毒致死 1 例.短篇报道,2014,(7)：569-569

10.《中华儿科杂志》编辑委员会，中华医学会儿科学分会儿童保健学组，中华医学会儿科学分会新生儿学组．早产、低出生体重儿出院后喂养建议[J]. 中华儿科杂志，2016，54(1)：6-12.

11.Braid S, Harvey E M, Bernstein J, et al. Early introduc—tion of complementary foods in preterm infants[J]. J Pediatr Gastroenterol Nutr, 2015, 60(6)：811-818.

12.ssers K M, Feskens E, Van J G, et al. The timing of initiating complementary feeding in preterm infants and its effect on overweight: a systematic review[J]. Ann Nutr Metab, 2018, 72(4)：307-315.

13.周丽娟,孙潇君,杜君威. 幼儿急疹的早期诊断及治疗进展[J]. 国医论坛,2014,16(5):63-64.

14.卓晓孟.儿童"偷窃"现象背后的认同危机及伦理关怀.教学与管理（小学版）,2018,(8)：1-3.

检索目录